Midjourney+ Stable Diffusion+ ControlNet

AI绘画与设计商业应用实战手册

雷波◎著

化学工业出版社

·北京·

内 容 简 介

本书是一本为视觉艺术爱好者、艺术家、设计师和创意工作者量身打造的专业指南。本书深入剖析了当前 AI 绘画领域的前沿工具——Midjourney 和 Stable Diffusion，以及 ControlNet 从入门到高阶的应用技巧，旨在帮助读者掌握如何在商业项目中高效地结合使用，创造出令人满意的视觉作品。

例如，第 7 章讲解了如何配合 Midjourney 生成的素材在 Stable Diffusion 中训练 LoRA。第 8 章讲解了如何用 Midjourney 生成的写真照片在 Stable Diffusion 中用插件 EasyPhoto 制作写真照片。第 9 章讲解了如何用 ControlNet 对企业 LOGO 进行艺术化加工，第 10 章与第 11 章讲解了用 Midjourney 创意制作广告、用草图生成效果图、制作酷炫人物的变装动画视频、为电商模特更换背景与衣服、一键精修电商珠宝照片、为模特增加配饰、通过换脸快速得到古风照片等实用技能。

本书内容丰富、技术点讲解全面，不仅适合于自学，也可在开设了视觉传达与影像处理相关专业的学校当作教材使用。

图书在版编目（CIP）数据

Midjourney+Stable Diffusion+ControlNet AI 绘画与设计商业应用实战手册 / 雷波著. -- 北京 : 化学工业出版社, 2024. 7. -- ISBN 978-7-122-45842-1

Ⅰ. TP391.413

中国国家版本馆 CIP 数据核字第 2024Z0T235 号

责任编辑：李　辰　孙　炜　　封面设计：异一设计
责任校对：边　涛　　装帧设计：盟诺文化

出版发行：化学工业出版社（北京市东城区青年湖南街 13 号　邮政编码 100011）
印　　装：北京盛通印刷股份有限公司
710mm×1000mm　1/16　印张 16　字数 326 千字　2024 年 9 月北京第 1 版第 1 次印刷

购书咨询：010-64518888　　售后服务：010-64518899
网　　址：http://www.cip.com.cn
凡购买本书，如有缺损质量问题，本社销售中心负责调换。

定　　价：98.00 元

前　言

从实践应用角度来看，在人工智能绘画领域有两个软件是必学的，第一个是 Midjourney，第二个则是 Stable Diffusion。前者以多变的风格、天马行空的创意著称，后者的优点不仅仅是精确控制图像，并生成高质量的图像著作，更重要的是软件是完全免费的。

通过上面的介绍可知，对于从事视觉传达与影像处理领域的人员而言，最佳选择是同时娴熟掌握这两个软件，从而优势互补。本书正是基于上述认识所编写的一本讲解 Midjourney、Stable Diffusion 的图书，内容分为两个部分。

第一部分为第 1 章至第 6 章，主要讲解了上述两个软件的使用方法，包括下载、安装、注册、使用流程、重要参数等内容。第二部分为从第 7 章至第 11 章，主要讲解了上述软件在商业实战中的具体应用及配合方法。

例如，本书的第 7 章讲解了如何配合从 Midjourney 生成的图像素材在 Stable Diffusion 中训练个性化 LoRA。第 8 章讲解了如何用 Midjourney 生成的写真照片在 Stable Diffusion 中用插件 Easy Photo 完成高质量 AI 写真。第 9 章讲解如何利用 ControlNet 精准控图设计 LOGO。第 10 章讲解了如何用 Stable Diffusion 整体微调或局部微调 Midjourney 生成的图像，从而获得更高质量的素材。

除了讲解如何更好地配合使用上述两个软件，本书还讲解了大量实战商业应用案例。例如，第 9 章讲解了如何用 Stable Diffusion 及 ControlNet 对企业 LOGO 进行艺术化加工，第 10 章与第 11 章讲解了用 Midjourney 创意制作广告，用 Stable Diffusion 生成海报素材，用 ControlNet 精准控制图像、对二维码进行艺术化处理、设计创意新款珠宝、通过草图生成建筑效果图、制作酷炫人物的变装动画视频、生成人物年龄变化视频、通过重绘消除照片瑕疵、为电商模特更换背景与衣服、一键精修电商珠宝照片、为模特增加配饰、通过换脸快速得到古风照片等实用的技能。

需要特别指出的是，在人工智能技术飞速发展的今天，本书的内容有可能在一年甚至半年后就会部分失效，因此，想要在这个领域保持竞争力，获得最新、最前沿的技术信息，各位读者必须对新技术保持好奇心，可以添加本书交流微信 hjysysp 与笔者团队在线沟通交流，搜索并关注笔者的微信公众号“funphoto”，或在今日头条、百度、抖音、视频号中搜索并关注“好机友摄影”或“北极光摄影”。

可以预见，往后数年，人类社会将逐步进入一个由人工智能技术驱动的时代，笔者预祝各位读者都能够顺利地从计算机基础软件技术驱动状态，切换至人工智能技术驱动状态。

读者可留意本书封底信息，以获取随书赠送的《人工智能通识在线视频课》（120 分钟）、《Midjourney 从入门到精通在线视频课程》（450 分钟）、《AI 绘画在线学习知识库》（8 大类 120 篇文章）、《面向未来 AIGC 精华知识在线文摘》（10 大类 120 篇文章）、《AIGC 提示词库》（含 20000 个常用提示词）。本书涉及的 AI 模型与插件素材等下载也请按封底信息操作或在化学工业出版社官网下载。

著　者

目　录
CONTENTS

第 1 章　安装并设置 Stable Diffusion

第 2 章　Stable Diffusion 文生图操作模块详解

第 3 章 Stable Diffusion 图生图操作模块详解

第 4 章 掌握 Midjourney 工作流程及常用参数与命令

第 5 章 掌握 Midjourney 与 Stable Diffusion 提示词撰写核心

第 6 章 掌握用 ControlNet 精准控制图像的核心

第 7 章 用 Midjourney 素材在 Stable Diffusion 中训练 LoRA

第 8 章 用 Midjourney 与 EasyPhoto 完成高质量 AI 写真

第 9 章 用 ControlNet 艺术化处理品牌 LOGO 造型

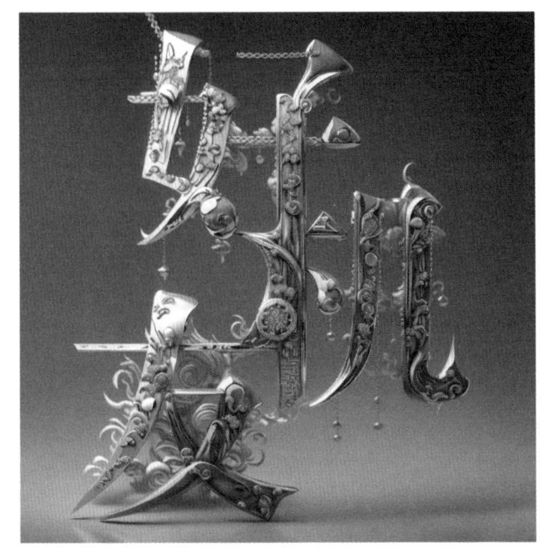

第 10 章 海报广告设计、产品设计及视频制作商业应用

第 11 章 摄影照片处理商业应用

第1章

安装并设置 Stable Diffusion

Stable Diffusion 简介

Stable Diffusion（缩写为 SD）是 2022 年发布的深度学习文本到图像生成模型。它可以根据文本描述生成相应的图像，主要特点包括开源、高质量、速度快、可控、可解释和多功能。它不仅可以生成图像，还可以进行图像翻译、风格迁移、图像修复等任务。

Stable Diffusion 的应用场景非常广泛，不仅可以用于文本生成图像的深度学习模型，还可以通过给定文本提示词（text prompt），输出一张匹配提示词的图片。例如，输入文本提示词“A cute cat”，Stable Diffusion 会输出一张带有可爱猫咪的图片，如下图所示。

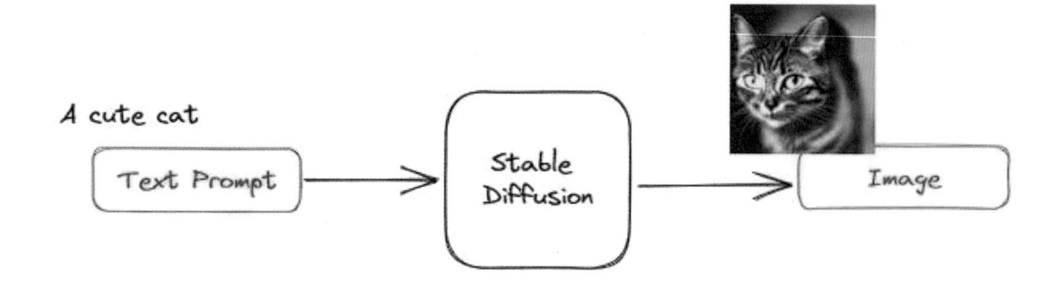

Stable Diffusion 配置要求

由于 SD 在运行时要进行大量运算，因此对计算机的硬件有一定要求，下面是具体配置标准。

显卡

Stable Diffusion 对显卡有一定的要求，并推荐使用以下型号的显卡：NVIDIA GeForce GTX 1070 以上、NVIDIA Quadro P4000 以上、AMD Radeon RX 580 以上。这些仅是官方推荐的最低配置要求，如果希望在更高分辨率或更高渲染质量下使用 Stable Diffusion，建议选择性能更强大的显卡。此外，显卡的显存大小也会影响到 Stable Diffusion 的性能，因此建议选择至少拥有 8GB 显存的显卡。

内存

Stable Diffusion 的运行需要足够的内存支持。如果计划使用已训练好的模型，则需要至少 16GB 的内存。而如果希望进行模型训练，则内存需求将取决于数据集大小和训练批次的数量，建议至少配备 32GB 的内存以满足这些需求。

硬盘

为了保证 Stable Diffusion 的正常运行，建议使用至少 128GB 的 SSD 固态硬盘。这样能够提供更好的性能和更快的数据读取速度。需要注意的是，Stable Diffusion 依赖于模型资源，而模型资源通常较大，一个大模型的大小基本在2GB左右。因此，为了充分利用该引擎，充裕的硬盘空间是必要的。

网络要求

由于Stable Diffusion的特殊性，无法提供具体的网络要求，但Stable Diffusion会与用户进行良好的互动，以确保用户能够顺利使用其所有功能。在有模型资源的前提下，即使没有网络，Stable Diffusion也是可以正常运行的。

操作系统

为了在本地安装Stable Diffusion并获得最佳性能，需要使用Windows 10或Windows 11操作系统。

Stable Diffusion 整合包的安装

1. 请按本书前言或封底提示信息操作，下载“sd-webui-aki-v4.5.7z”文件，如下图所示。

2. 找到下载后的文件，这里是之前下载好的“sd-webui-aki-v4.4”文件，右击解压压缩文件到你想要安装的位置，如下图所示。

3. 打开解压后的文件夹，找到“A启动器”的exe文件，双击打开，如下图所示。

4. 如果未安装前置软件，会弹出窗口，这时则需要安装启动器运行依赖，点击“是”按钮，即可自动跳转下载，如下图所示。

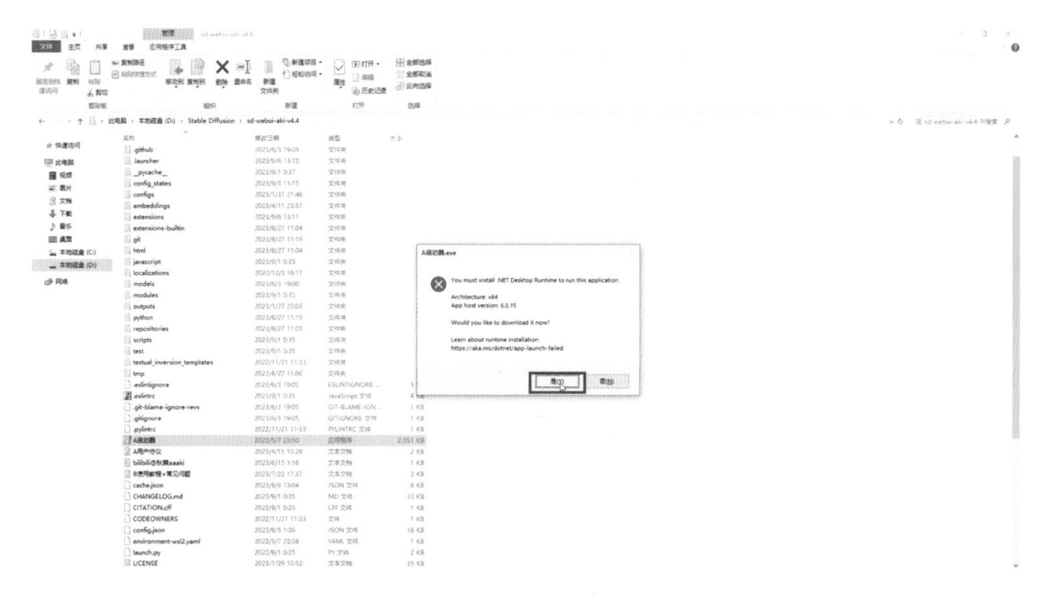

5. 双击打开下载好的“windowsdesktop-runtime-6.0.25-win-x64”，点击“安装”按钮，开始自动安装前置软件，如下图所示。

Stable Diffusion WebUI 页面布局

前置软件安装完以后，再次双击“A 启动器”的 exe 文件，打开“Stable Diffusion WebUI”启动器界面，如下图所示。为了简化行文，下面将 Stable Diffusion 统称为 SD。

点击右下角“一键启动”按钮，浏览器自动跳转到“SD WebUI”界面，其构成如下图所示。

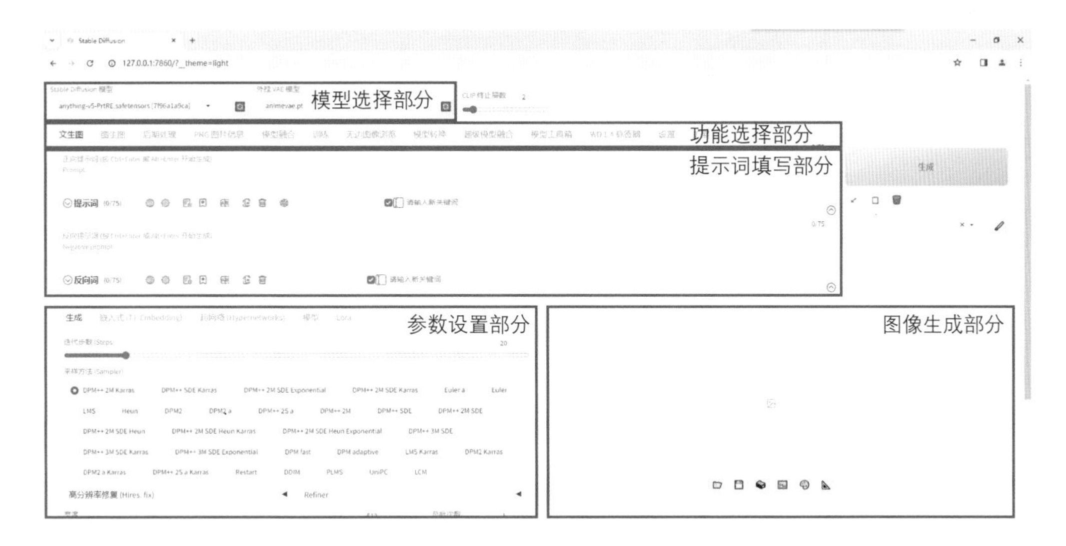

» 模型选择部分：由 SD 模型和外挂 VAE 模型组成。

» 功能选择部分：可以选择 SD 的各个组成功能，由于 SD 功能众多，限于篇幅，本书将在第 2 章与第 3 章详细讲解最重要的“文生图”“图生图”功能模块，“后期处理”“PNG 图片信息”等辅助功能模块的讲解将贯穿全书。

» 提示词填写部分：由面向提示词填写部分和反向提示词填写部分组成。

» 参数设置部分：由迭代步数、采样方法、高分辨率修复、宽度、高度、提示词引导系数、随机数种子设置等选项组成。

» 图片生成部分：可以浏览图像，并通过点击下方小图标完成打开图像输出目录、保存图像到指定目录、保存包含图像的 .zip 文件到指定目录等操作。

第2章

Stable Diffusion 文生图操作模块详解

通过简单案例了解文生图步骤

学习目的

对初学者来说，使用 SD 生成图像是一件比较复杂的事，整个操作过程既涉及底模与 LoRA 模型的选择，还涉及各类参数设置。

为此笔者特意设计了此案例，通过学习本案例，初学者可以全局性了解 SD 文生图的基本步骤，在学习过程中，初学者不必将注意力放到各个步骤所涉及的参数，只需按步骤操作即可。

生成前的准备工作

本案例将要使用 SD 生成一个写实的机器人，因此首先需要下载一个真实系底模，以及一个机甲 LoRA 模型。

1. 按本书前言或封底提示信息下载本例用的如下图所示的底模，也可以直接在 https://www.liblib.art/ 网站上搜索“majicMIX realistic 麦橘写实”。

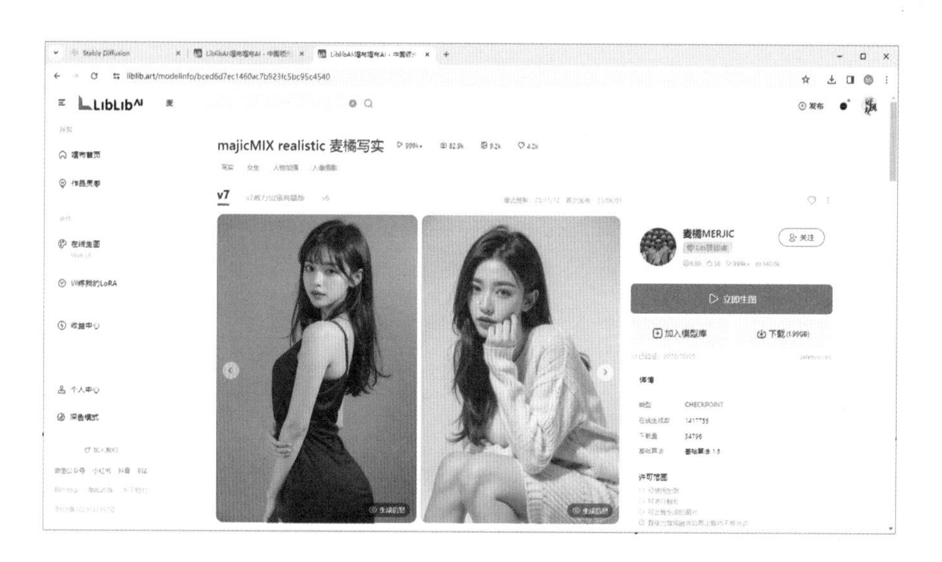

2. 将下载的底模拷贝至 SD 安装目录中 models 文件夹下的 Stable-diffusion 文件夹中。

3. 按本书前言或封底提示信息下载本例用的如下图所示的 LoRA 模型，也可以直接在 https://www.liblib.art/ 网站上搜索“好机友 AI 机甲”。

4. 将下载的 LoRA 模型拷贝至 SD 安装目录中 models 文件夹下的 LoRA 文件夹中。

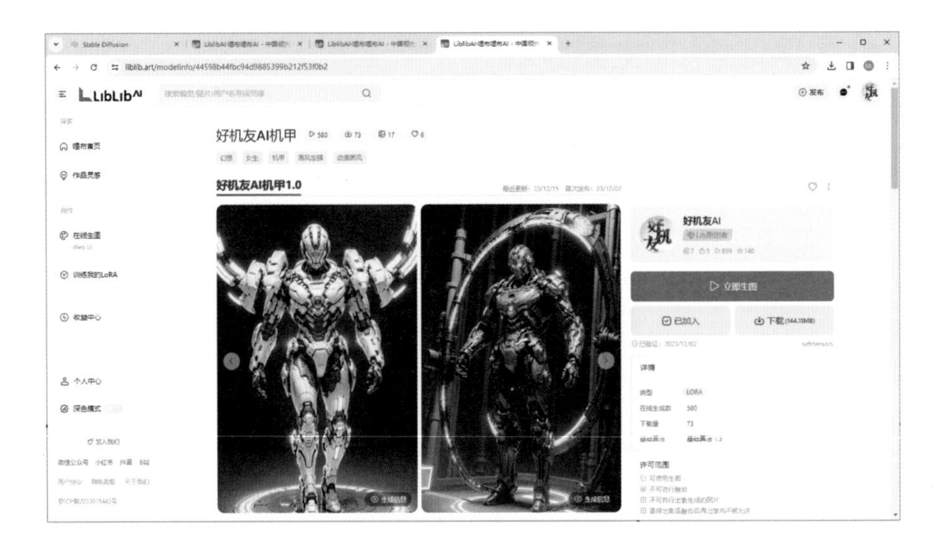

具体操作步骤

（1）开启SD后，在“Stable Diffusion 模型”下拉列表框中选择majicmixRealistic_v7.safetensors [7c819b6d13]，此模型为准备工作中下载的底模。

（2）在第一个文本输入框中输入如下正面提示词（也称提示语），masterpiece,best quality,(highly detailed),1girl,cyborg,(full body:1.3),day light,bright light,wide angle,white background,complex body,shining sparks,big machinery wings,silvery,studio light,motion blur light background，以定义要生成的图像效果，如下图所示。

（3）点击界面中下方的LoRA标签，并在其右侧的输入框中输入hjyrobo5，通过筛选找到准备工作中下载的LoRA模型，如下图所示。

（4）点击此 LoRA 模型，此时在 SD 界面第一个文本输入框中所有文本的最后面，将自动添加 <lora:hjyrobo5-000010:1>，如下图所示。

（5）将 <lora:hjyrobo5-000010:1> 中 1 的数值修改为 0.7。

（6）在下方的第二个文本输入框中输入负面提示词 Deep Negative V1.x,EasyNegative,(bad hand:1.2),bad-picture-chill-75v,badhandv4,white background,kimono,EasyNegative,(low quality, worst quality:1.4),(lowres:1.1),(long legs),greyscale,pixel art,blurry,monochrome,(text:1.8),(logo:1.8),(bad art, low detail, old),(bad nipples),bag fingers,grainy,low quality,(mutated hands and fingers:1.5),(multiple nipples)，如下图所示。

（7）在SD界面下方分别设置“迭代步数 (Steps)”为36，将“采样方法 (Sampler)”设置为DPM++ 2M Karras，将“高分辨率修复 (Hires. fix) ”中的“放大算法”选择为R-ESRGAN 4x+，“重绘幅度”设置为0.56，“放大倍数”设置为2，将“提示词引导系数 (CFG Scale)”设置为8.5，并将“随机数种子 (Seed)”设置为2154788859，设置完成后的SD界面应该如右图所示。

（8）完成以上所有参数设置后，要仔细与笔者展示的界面核对，在此情况下点击界面右上方的“生成”按钮，便可获得如下图所示的效果。

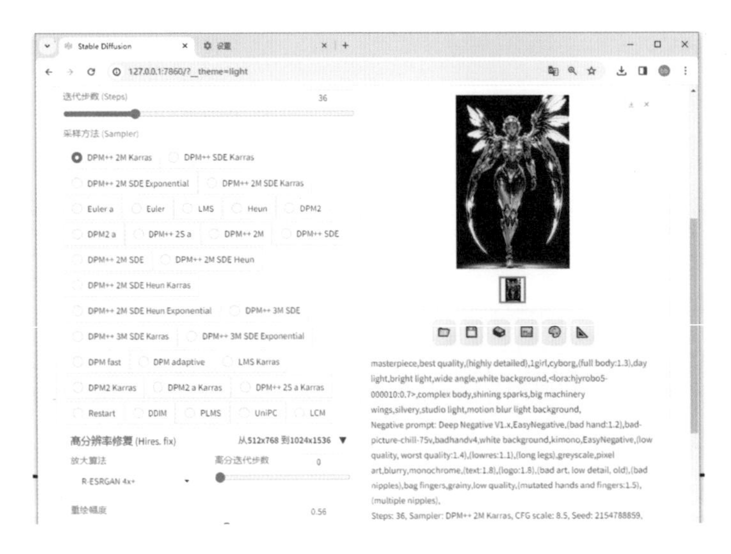

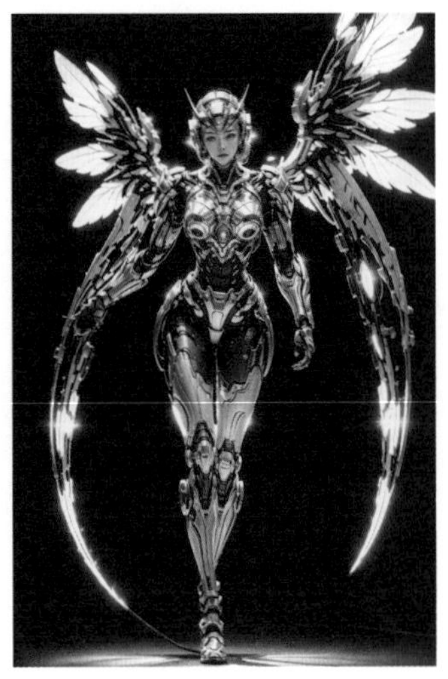

（9）如果将“随机数种子 (Seed)”设置 2154788851，则可以得到左下图所示的效果，将“随机数种子 (Seed)”设置 2154788851，则可以得到中下图所示的效果。将“随机数种子 (Seed)”设置 2154788863，则可以得到右下图所示的效果。

上面的步骤涉及了正面提示词、负面提示词、底模、LoRA 模型及“迭代步数 (Steps)”“采样方法 (Sampler)”等知识点。

其中，正面提示词、负面提示词将在第 3 章详细讲解。底模、LoRA 模型将在第 7 章中详细讲解。“迭代步数 (Steps)”“采样方法 (Sampler)”等知识点，在本章节后面部分讲解。

迭代步数 (Steps)

如前所述，Stable Diffusion 是通过对图像加噪声，再利用一定的算法去噪声的方式生成新图片的，此处去噪声过程并不是一次完成的，而是通过多次操作完成的，“迭代步数”则可以简单地理解为去噪声过程执行的次数。

理论上步数越多图像质量越好，但实际并非如此，下面笔者将通过三组使用不同底模与 LoRA 模型生成的图像，展示不同迭代参数对图像质量的影响。

通过观察示例图像可以看出，迭代步数与图像质量并不成正比，虽然不同的步数会得到不同图像效果，但当步数达到一定数值后，图像质量就会停滞，甚至细节变化也不再明显。而且步数越大，计算时间越长，运算资源消耗越大，投入产出比明显变低。

但由于不同底模与 LoRA 模型组合使用时，质量最优化的步数是一个未知数，因此需要创作者使用不同的数值尝试，或使用“脚本”中的“XYZ 图表”功能生成查找表，以寻找到最优化的步数。

按普遍性经验，可以从 7 开始向下或向上尝试。

采样方法 (Sampler)

按采样方法原理分类

虽然，SD 提供了大量采样方法，无论是数量还是名称均令人望而生畏，但其实这些采样器是有规律的，基本上可以分为以下几类。

初始采样方法

这是一类 SD 在发布之初就已经内置的采样方法，但随着时间推移，SD 加入了越来越多质量更高、速度更快的采样方法，因此初始采样方法已经逐渐不再被广泛使用。初始采样方法包括 DDIM 与 PLMS。

老式 ODE 求解采样方法

这些采样器所使用的算法早在近百年前已经有了，其初始目的是为了解决常微分方程 (Ordinary Differential Equations)。这些采样方法包括 Euler、Heun、LMS。

原型采样器

在 SD 所有采样方法中，如果其名字中包含了独立的字母 a，则都是原型采样方法。如 Euler a、DPM2 a、DPM++ 2S a、DPM++ 2S a Karras，此类采样方法的特点是在每一步处理时向图片添加新的随机噪声，这就导致在采样时，图片内容一直在大幅度变化，这就是为什么许多创作者在观看处理过程时，发现有时中间的模糊图像反而比最终图像还要好的原因。

DPM 和 DPM++ 采样方法

DPM 采样方法是扩散概率模型求解器的缩写，专为 AUTOMATIC1111 的扩散模型而设计。这种算法的优点是，在处理低频信号时效果较好，图像质量高，但是在处理高频信号时效果不够理想。DPM++ 是 DPM 采样方法的改进版本，引入了新的技术和方法，如 EMA（指数移动平均）更新参数、预测噪声方差、添加辅助模型等，从而在采样质量和效率上都取得了显著的提升，是目前效果最优秀的采样算法之一。DPM adaptive 可以自适应地调整每一步的值，速度较慢。

Karras 采样方法

名字中带有 Karras 的采样方法，如 LMS karras、DPM2 karras、DPM2 a karras、DPM++2S a karras、DPM++2M karras、DPM++SDE karas、DPM++2M SDEkarras 使用了 Nvidia 工程师 Tero Karras 在原采样方法基础上主持改进的算法，从而提高了输出质量和采样效率。

UniPC

UniPC (Unified Predictor-Corrector) 是一种发布于 2023 年的新型采样方法。灵感来自于 ODE 求解器中的 predictor-corrector 方法，可以在 5~10 步采样出高质量的图片。

按采样方法名称分类

采样方法中的数字

很多采样方法名称中有 2、3 数字标识。其中数字 2 表示此采样方法为二阶采样器，数字 3 表示此采样方法为三阶采样器。不带这些数字的就是一阶采样器，比如 Euler 采样器。三阶采样器比二阶采样器准确，二阶采样器比一阶采样器准确，但阶数越高，计算复杂度也更高，耗时更长，也需要更多的计算资源。

采样方法中的字母

如果采样方法中有单独的 S，则代表该采样方法在每次迭代时只执行一步。由于每次迭代只进行一次更新，采样速度更快，但可能需要更多的采样步数才能达到所需的图像质量。更适合需要快速反馈或实时渲染的应用，因为它可以快速生成图像。如果采样方法中有单独的 M，则代表该采样方法在每次迭代时执行多步，因此采样质量更高，但是每次采样速度较慢。但只需要较少的采样步数，就能达到所需的图像质量。更适合对图像质量有较高要求的情况，或者对计算时间要求不高的情况。

采样规律总结及推荐

采用不同的采样方式获得的图像效果不完全相同，有的采样方式甚至无法获得正确的图像效果。所以，如果获得的效果不理想，不妨尝试使用不同的采样方法。

根据笔者的使用经验，推荐如下采样方法。

如果想要稳定、可复现的结果，不要用任何带有随机性的原型采样方法。

如果生成的图像效果较简单，细节不太多，可以用 Euler 或 Heun 采样方法，在使用 Heun 时，可以适当调低步数。

如果要生成的图像细节较多，且注重图像与提示词的契合度与效率，可以选择 DPM++ 2M Karras 以及 UniPC 采样方法。

但这些都只是推荐，针对具体的图像生成项目，最好的方法，还是使用“脚本”功能中的“XYZ 表格”功能，生成类似于前面页面展示的，使用不同采样方法的索引图。

引导系数 (CFG Scale)

了解引导系数

在生成图像时 CFG Scale 参数是一个非常关键的参数，控制着文本提示词对生成图像的影响程度。简而言之，CFG Scale 参数越大，生成的图像与文本提示的相关性越高，但可能会失真。数值越小，相关性越低，越有可能偏离提示或输入图像，但质量越好。较高的 CFG Scale 数值不仅能提高生成结果与提示的匹配度，还会增加结果图片的饱和度和对比度，使颜色更加平滑。但此数值并非越高越好，过高的数值生成的图像效果可能导致图像效果变差。

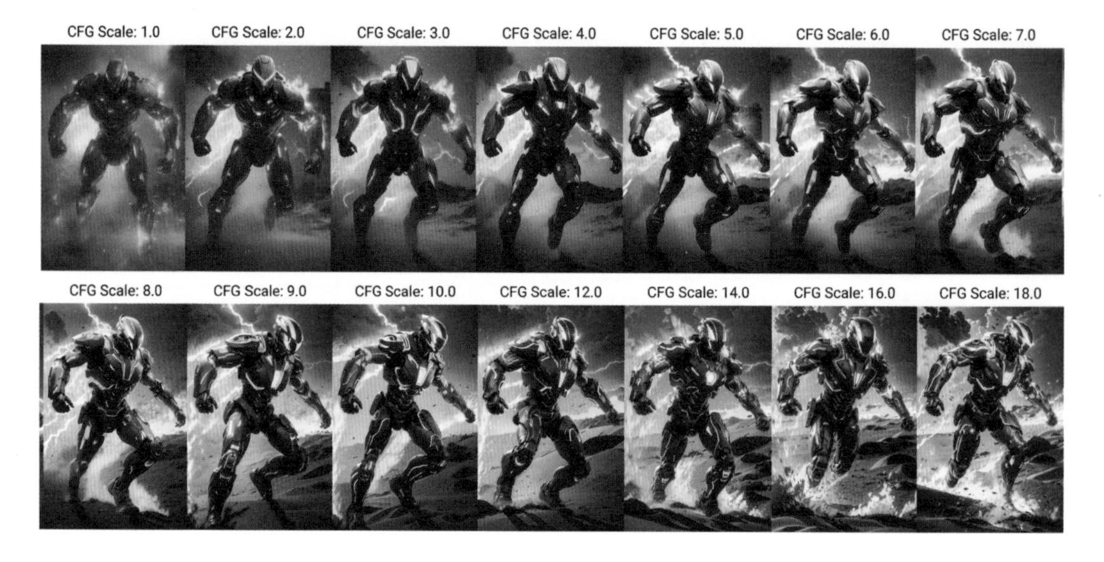

引导系数规律总结及推荐

通过分析以上示例图像，可以看出，随着数值升高，图像细节越来越多，但过高的数值会导致图像画面崩坏。

下面是各个引导系数数值对图像的影响。

引导系数 1，使用此数值时，提示词对图像的影响非常小，而且生成的图像模糊、暗淡。

引导系数 3，使用此数值，可以生成比较有创意的图片，但图像的细节比较少。

引导系数 7，此数值是默认值，使用此数值可以让 SD 生成有一定创新性的图像，而且图像内容也比较符合提示词。

引导系数 15，此数值属于偏高的引导系数数值，此时生成的图像更加接近提示词。当使用不同的模型时，有可能导致图像失真。

引导系数 30，是一个极端值，SD 会较严格地依据提示词生成图像，但生成的图像大概率会有过于饱和、图像失真、变形的情况。

根据笔者的使用经验，可以先从默认值 7 开始，然后根据需要进行调整。

高分辨率修复 (Hires. fix)

了解高分辨率修复

此参数选项有以下两个作用，第一是将小尺寸的图像提高到高清大尺寸图像，第二是修复 SD 可能出现的多人、多肢体情况，参数如下图所示。

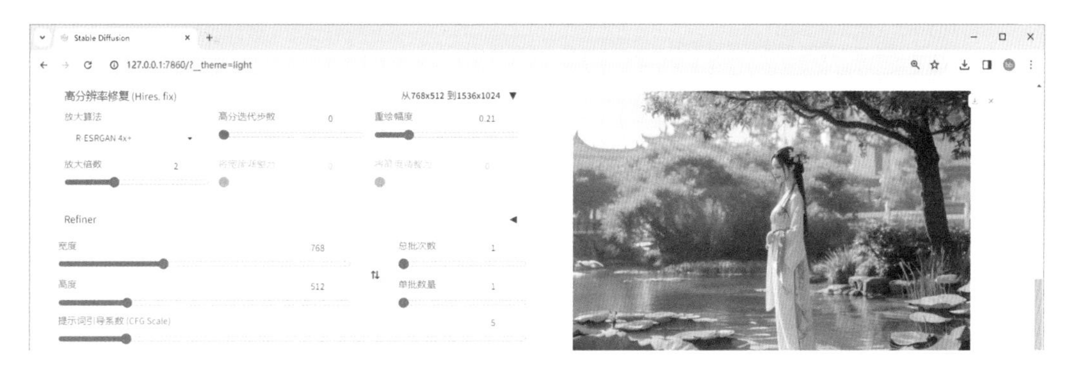

放大算法

根据不同的图像类型与内容，在此可以选择不同的放大算法，此处参数在后面详细讲解并示例。

高分迭代步数

此处的迭代步数与前面所讲述过的“迭代步数 (Steps)”含义基本相同，建议数值在 5~15 之间。如果设置为 0，将应用与“迭代步数 (Steps)”相同的数值。

重绘幅度

高清修复使用的方法是重新向原图像添加噪声信息，并逐步去噪的方式，生成的图像或多或少都与原图像有所区别，数值越高，改变原图内容也就越多，所以，在 SD 生成图像时，创作者会发现，在生成过程中，图像的整体突然发生了变化。

左下图为此数值设置为 0.1 时的效果，中间的图像为 0.5，右下图为 0.8，可以看出来每张图均不相同，其中数值为 0.8 的图像变化幅度最大。

放大倍数

放大倍率可以根据需要进行设置，通常建议为 2，以提高出图效率。如果需要更大的分辨率，可以使用其他方法。

高分辨率修复使用思路及参数推荐

高分辨率修复使用思路

在使用“高分辨率修复 (Hires. fix)”时，应该遵循以下原则，在不开此选项的情况下，先通过多次尝试获得效果认可的小图，在此情况下点击“随机数种子 (Seed)”参数右侧的♻图标，以固定种子数，然后设置此选项，以获得高清大图。

高分辨率修复参数推荐

对于“放大算法”建议如下。

如果处理的是写实照片类图像，可以选择 LDSR 或者 ESRGAN_4x、BSRGAN。

如果处理的是绘画、3D 类的图像，可选择 ESRGAN_4x、Nearest。

如果处理的是线条类动漫插画类图像，可选择 R-ESRGAN 4x+ Anime6B。

对于各个参数建议如下。

重绘幅度 0.2~0.5，采样次数 0。这个参数既可以防止低重绘导致的仅放大现象，又可以避免高重绘带来的图像变化问题。

用 ADetailer 修复崩坏的脸与手

在使用 SD 生成人像时，往往会出现脸与手崩坏的情况，在此情况下，需要开启如下图所示的 ADetailer 选项，以进行修复。

此功能对脸部修复的成功率非常高，但对手部修复则并不十分理想，即便如此，笔者仍建议开启，因为开启后有一定修复成功的概率。

总批次数、单批数量

在 SD 中生成图像时有相当高的随机性，创作者往往需要多次点击“生成”按钮，以生成大量图像，从中选出令人满意的，为了提高生成图像的效率，可以使用这两个参数批量生成图像。

参数含义

“总批次数”是指计算机按队列形式依次处理多少次图像，例如，此数值为 6、“单批数值”为 1 时，是指计算机每次处理 1 张图像，处理完后，继续执行下一任务，直至完成 6 张处理任务。

“单批数值”是指计算机同时处理的图片数值，例如，此数值为 6、“总批次数”为 2 时，是指计算机同时处理 6 张图像，共处理 2 次，合计处理得到 12 张图像。

使用技巧

这两个数值不建议随意设置，而应考虑自己所使用的计算的显卡大小。

如果显存较大，可以设置较高的“单批数值”，以便于一次性处理多张的图片，加快运行速度。如果显存较小，应设置较高的“总批次数”，以防止因一次处理图片过多导致内存报错。

当“单批数值”较高时，SD 将同时显示正处理的图像，如右图所示。

当“单批数值”为 1，“总批次数”较高时，SD 依次显示正处理的图像，如右图所示。

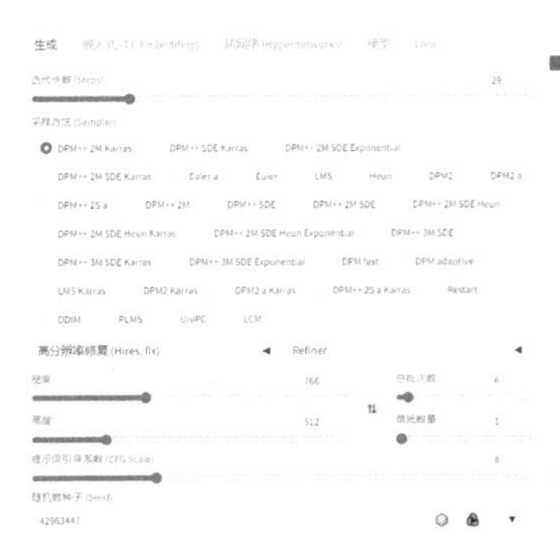

随机数种子 (Seed)

了解种子的重要性

由于 SD 生成图像的原理是从一张噪声图开始，使用采样方法逐步降噪，最终得到所需要的图像。因此，SD 需要一个生成原始噪声图的数值，此数值即为种子数。

正是由于种子数的存在，因此 SD 生成图像时有相当高的随机性，每次生成的图像都不尽相同，增加了生成图像的多样性与趣味性。

由于种子数是起点决定了最终图像的效果，因此每次在 SD 上使用完全相同的提示词与参数时，如果种子数不同也会得到不同的图像，而如果将种子数固定，则会得到相同的生成图像。这也就意味着，如果要复现网上某位设计师的图片，则不仅要获得其提示词、参数，更重要的是获得其种子值。

获得随机种子数

在生成图像时，如果点击“随机数种子 (Seed)”右侧的骰子图标，则可以使此数值自动变化为 -1，此时执行生成图像，则 SD 会使用随机数值生成起始噪声图片。

固定种子数

点击“随机数种子 (Seed)”参数右侧的图标，可以自动调出上一次生成图像时的种子数，如下图所示。

随机数种子 (Seed)
429634471

但如果执行的批量生成图像，则即便使用了上面的方法来固定种子数，SD 也仍然会使用不同的种子数。因为当批量生成图像时，如果持续使用同一种子数，只会得到完全相同的图像，这就失去了批量生成图像的意义。

固定种子数使用技巧

在种子数及其他参数固定的情况下，可以通过修改提示词中的情绪单词，获得不同表情的图像，例如笔者使用的提示词为 1girl,shining eyes,pure girl,(full body:0.5),luminous petals,long hair,flowers garden,branch,butterfly,contour deepening,upper body,look back,(((sad))),small shoulder bag,blurry background，分别将 sad 修改为其他不同的情绪单词后，获得了以下不同表情的图像，如下页效果图所示。

除改变了情绪，这个方法也适用于修改其他的微小特征，如头发颜色、肤色、年龄、配饰等，或通过某一单词观察其对生成图像的影响，此操作的前提是要使用对应的模型，否则变化不明显。

用“XYZ 图表”脚本对比参数

了解“XYZ 图表”脚本

由于 SD 在生成图像时涉及众多参数、选项、模型，而且当这些变量相互配合时，会产生千变万化的效果，再加上生成图像时的随机性，这就几乎使 SD 生成高质量图像的参数选择与配置几乎成为一门“玄学”。

而解密这门“玄学”的“钥匙”就是“XYZ 图表”脚本。

此脚本可以生成一个由三个变量构成的可视化三维数据图表，以帮助创作者观察当不同变量变化时对图像的影响，以更深入地了解各个参数的作用。

只要灵活地使用此功能，即使 SD 不断更新模型、选项、参数，创作者也可以通过生成各种表格，来分析新的参数、选项含义。

例如，在本章前面的部分中，笔者在展示不同迭代步数等参数对图像的影响时，展示的大量示例图均为使用此功能生成的。

设置“XYZ 图表”方法

要启用“XYZ 图表”脚本功能，需要在 SD 最下方的界面中找到“脚本”功能下拉列表框，在其中选择 X/Y/Z plot，如下图所示。

脚本
X/Y/Z plot
X 轴类型
Nothing
X 轴值
Y 轴类型
Nothing
Y 轴值
Z 轴类型
Nothing
Z 轴值
包含图例注释
包含次级图像
保持种子随机
包含次级网格图
网格图边框（单位：像素） 0
禁用下拉菜单，使用文本输入
X/Y 轴互换
Y/Z 轴互换
X/Z 轴互换

hands,text,error,cropped,worst quality,low quality,normal quality,jpeg artifacts,signature,watermark,username,bad feet,text font ui,malformed hands,missing limb,(mutated hand and finger:1.5),(long body:1.3),(mutation poorly drawn:1.2),malformed mutated,multiple breasts,futa,yaoi,gross proportions,(malformed limbs),NSFW,(worst quality:2),(low quality:2),(normal quality:2),lowres,normal quality,((monochrome)),((grayscale)),skin spots,acnes,skin blemishes,age spot,(ugly:1.331),(duplicate:1.331),(morbid:1.21),(mutilated:1.21),(tranny:1.331),mutated hands,(poorly drawn hands:1.5),blurry,(bad anatomy:1.21),(bad proportions:1.331),extra limbs,(disfigured:1.331),(missing arms:1.331),(extra legs:1.331),(fused fingers:1.61051),(too many fingers:1.61051),(unclear eyes:1.331),lowers,bad hands,missing fingers,extra digit,bad hands,missing fingers,(((extra arms and legs))),
Steps: 29, Sampler: Euler, CFG scale: 5.0, Seed: 760184115, Size: 512x768, Model hash: 7c819b6d13, Model: majicmixRealistic_v7, VAE hash: 235745af8d, VAE: vae-ft-mse-840000-ema-pruned.safetensors, Clip skip: 2, ADetailer model: face_yolov8n.pt, ADetailer confidence: 0.3, ADetailer dilate erode: 4, ADetailer mask blur: 4, ADetailer denoising strength: 0.4, ADetailer inpaint only masked: True, ADetailer inpaint padding: 32, ADetailer model 2nd: hand_yolov8n.pt, ADetailer confidence 2nd: 0.3, ADetailer dilate erode 2nd: 4, ADetailer mask blur 2nd: 4, ADetailer denoising strength 2nd: 0.4, ADetailer inpaint only masked 2nd: True, ADetailer inpaint padding 2nd: 32, ADetailer version: 23.11.0, TI hashes: "Deep Negative V1.x: 54e7e4826d53, EasyNegative: c74b4e810b03", Version: v1.6.0-2-g4afaaf8a
用时:2 min. 30.4 sec.
A: 2.87 GB, R: 3.34 GB, Sys: 5.1/23.9883 GB (21.1%)

在“X 轴类型”“Y 轴类型”“Z 轴类型”下拉列表菜单中可以选择需要分析观察的参数变量。

要确保选中“包含图例注释”，以使生成的图像有参数标注。

如果需要生成图像之间有间隙，可以控制“网格图边框”的数值。

生成的网格图为 PNG 格式，默认保存在 SD 安装目录的 /outputs/txt2img-grids 文件夹中。

如果要测试模型、采样方法等参数的选项，可以在“X 轴类型”“Y 轴类型”“Z 轴类型”下拉列表菜单中选择对应的选项，然后在“X 轴值”“Y 轴值”“Z 轴值”下拉列表框中分别单击选中，如下图所示。

neg,badhandv4,monochrome,bad_prompt_version2,FastNegativeV2,nsfw,ugly,duplicate,mutated hands,(((long neck))),missing fingers,extra digit,fewer digits,bad feet,morbid,mutilated,tranny,poorly drawn hands,blurry,bad anatomy,bad proportions,extra limbs,cloned face,disfigured,(((unclear eyes))),lowers,bad hands,text,error,cropped,worst quality,low quality,normal quality,jpeg artifacts,signature,watermark,username,bad feet,text font ui,malformed hands,missing limb,(mutated hand and finger:1.5),(long body:1.3),(mutation poorly drawn:1.2),malformed mutated,multiple breasts,futa,yaoi,gross proportions,(malformed limbs),NSFW,(worst quality:2),(low quality:2),(normal quality:2),lowres,normal quality,((monochrome)),((grayscale)),skin spots,acnes,skin blemishes,age spot,(ugly:1.331),(duplicate:1.331),(morbid:1.21),(mutilated:1.21),(tranny:1.331),mutated hands,(poorly drawn hands:1.5),blurry,(bad anatomy:1.21),(bad proportions:1.331),extra limbs,(disfigured:1.331),(missing arms:1.331),(extra legs:1.331),(fused fingers:1.61051),(too many fingers:1.61051),(unclear eyes:1.331),lowers,bad hands,missing fingers,extra digit,bad hands,missing fingers,(((extra arms and legs))),
Steps: 10, Sampler: DPM++ 2M Karras, CFG scale: 8, Seed: 646841616, Size: 512x768, Model hash: a757fe8b3d, Model: chilloutmix_, VAE hash: 235745af8d, VAE: vae-ft-mse-840000-ema-pruned.safetensors, Clip skip: 2, ADetailer model: face_yolov8n.pt, ADetailer confidence: 0.3, ADetailer dilate erode: 4, ADetailer mask blur: 4, ADetailer denoising strength: 0.4, ADetailer inpaint only masked: True, ADetailer inpaint padding: 32, ADetailer model 2nd: hand_yolov8n.pt, ADetailer confidence 2nd: 0.3, ADetailer dilate erode 2nd: 4, ADetailer mask blur 2nd: 4, ADetailer denoising strength 2nd: 0.4, ADetailer inpaint only masked 2nd: True, ADetailer inpaint padding 2nd: 32, ADetailer version: 23.11.0, TI hashes: "Deep Negative V1.x: 54e7e4826d53, EasyNegative: c74b4e810b03", Script: X/Y/Z plot, X Type: Steps, X Values: "10,20", Y Type: Checkpoint name, Y Values: "chilloutmix_.safetensors

如果要测试的是一系列自定义的数值，如种子数、迭代步数、变异强度等，可以先在“X 轴类型”“Y 轴类型”“Z 轴类型”下拉列表菜单中选择对应的选项，然后在“X 轴值”“Y 轴值”“Z 轴值”中输入数值，并以英文逗号分隔开，如下图所示。

设置“XYZ 图表”技巧

在测试模型、采样方法等参数的选项时，可以点击右侧的 book 小图标，一次性加载所有可选项，然后再依次删除不需要的选项。

在测试种子数、迭代步数、变异强度等要自定义数值的参数时，除了可以直接输入数值外，也可以运用以下两种方式。

以测试种子数为例，如果在输入框中输入“起点 - 终点 (间距)”，例如 20-50(+10)，则等同于输入了 20,30,40,50，即从 20 到 50，每个递增步长值为 10。

如果输入“起点 - 终点 [步数]”，例如 10-40[4]，则等同于输入了 10,20,30,40，即从 10 到 40，共分为四步。

利用自定义变量生成图表

除了通过选择“X 轴类型”“Y 轴类型”“Z 轴类型”下拉列表菜单中各个固定的选项来生成图表外，还可以利用 Prompt S/R 选项，以自定义的方式来生成图表。

Prompt S/R 中的 S 其实是 Search 的缩写，R 是 Replace 的缩写，合在一起是指，在提示词中按指定的参数进行查找与替换。

例如，为了测试一组 LoRA 模型，笔者在提示词 1girl,<lora:hjysleekrobot2--000014:1> 中将 000014:1 修改为 N:S，使提示词中 LoRA 的写法是 <lora:hjysleekrobot2--N:S>。

接下来，在“X 轴类型”“Y 轴类型”中均选择 Prompt S/R 选项，将“X 轴值”设为 N,000001,000002,000003,000004,000005,000006,000007,000008,000009,000010,000011,000012,000013,000014,000015，将“Y 轴值”设置为 S,0.7,0.8,0.9,1。

则可以使 SD 用“X 轴类型”参数 N，所定义的一系列模型 hjysleekrobot2--000001 至 hjysleekrobot2--000010，与“Y 轴类型”参数 S，所定义的一系列权重参数 0.7,0.8,0.9,1 在分别匹配的情况下，生成数十张示例图，如下图所示。

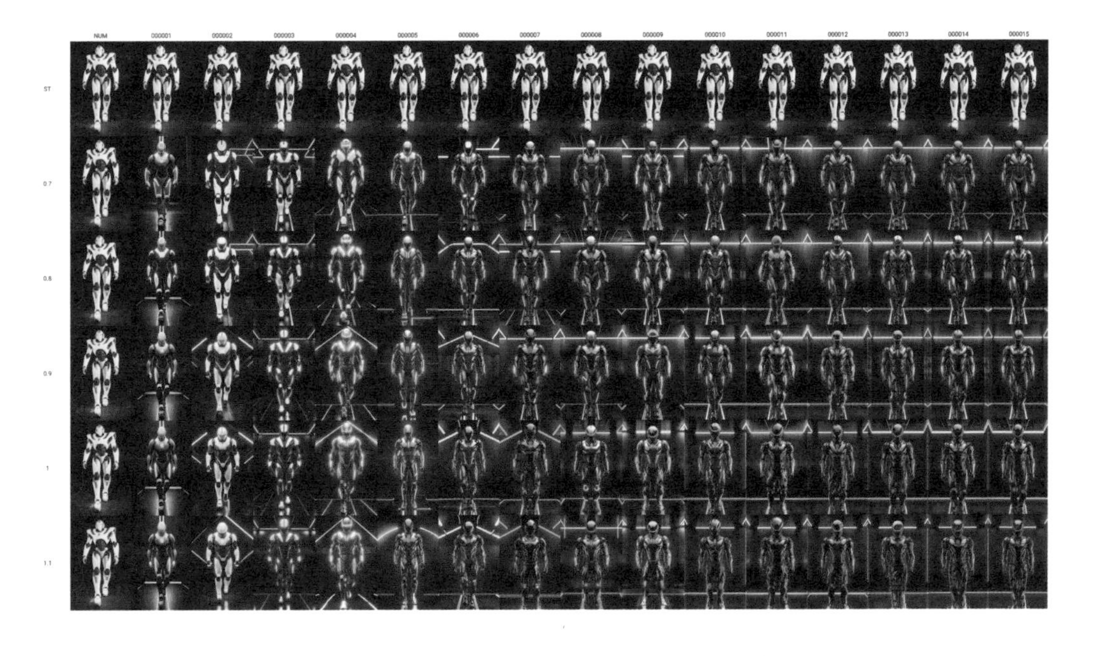

第3章

Stable Diffusion 图生图操作模块详解

通过简单案例了解图生图步骤

学习目的

图生图的界面、参数与功能比文生图更加复杂。因此，与文生图一样，笔者特意设计了下面的案例来展示图生图的基本步骤。同样，在学习过程中，初学者不必将注意力放到各个步骤涉及的功能、参数上，只需按步骤操作即可。

具体操作步骤

本案例首先要使用SD生成一个写实的人像，然后再将其转换成为漫画效果。

（1）启SD动后，先按前面章节所学习过的内容，在文生图的界面生成一个真人图像，如下图所示。

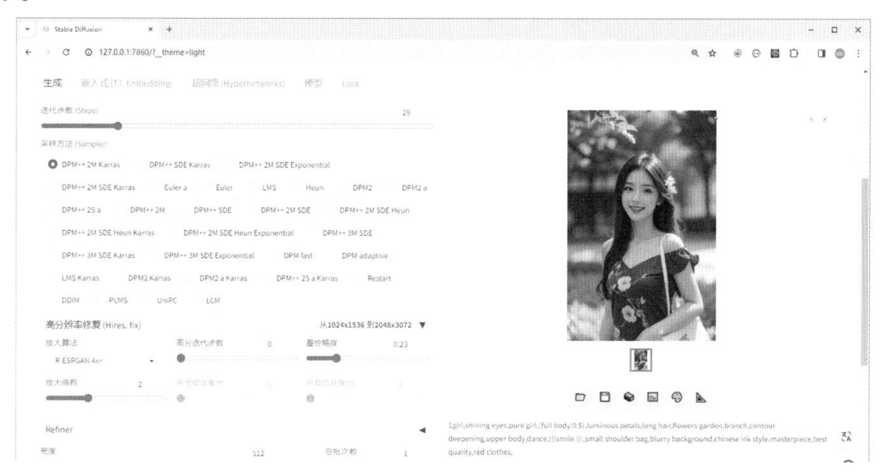

（2）在预览图下方点击小图标，将图像发送到图生图模块并进入图生图界面，如下图所示。

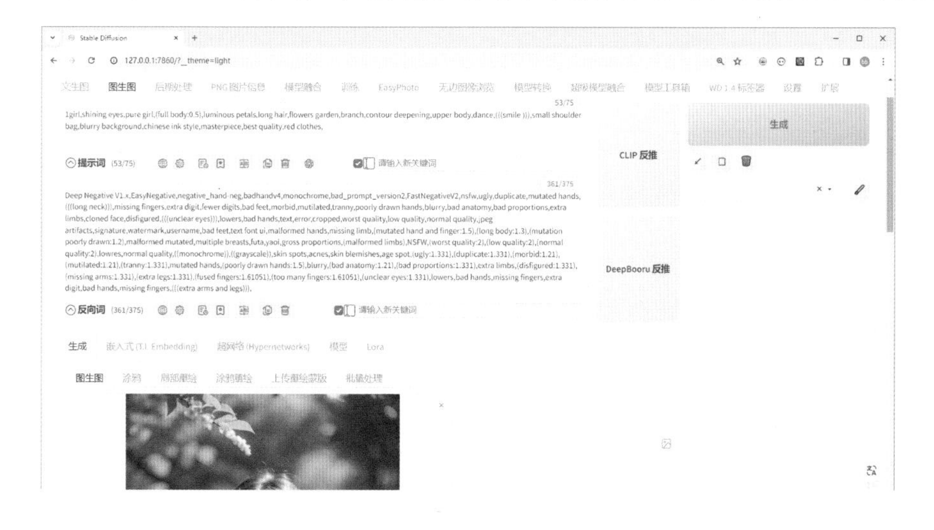

（3）按本书前言或封底提示信息下载名称为 AWPainting 的漫画、插画模型，如下图所示。

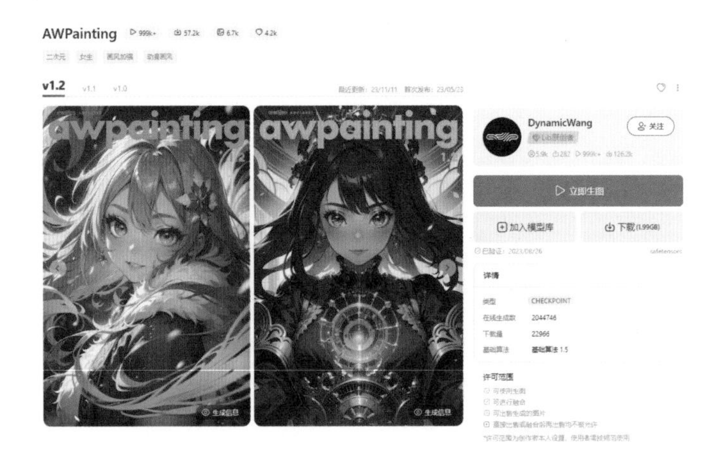

（4）在 SD 界面将图生图界面左上方的“Stable Diffusion 模型”切换为刚刚下载的 AWPainting_v1.2.safetensors [3d1b3c42ec]。

（5）将此界面下方的各个参数按下图所示进行调节，并点击“生成”按钮，则可以得到如下图所示的插画效果。

（6）修改不同的参数，可以得到右图展示的细节略有不同的效果。

在上面展示的步骤中，笔者使用的是由文生图功能生成的图片，但实际上，在使用此功能时，也可以自主上传一张图片，并按同样的方法对此图片进行处理，下面是具体步骤。

（1）点击界面上的×，将已上传的图片删除，再点击上传图片区域的空白区域，则可以再上传一张图片，如下图所示。

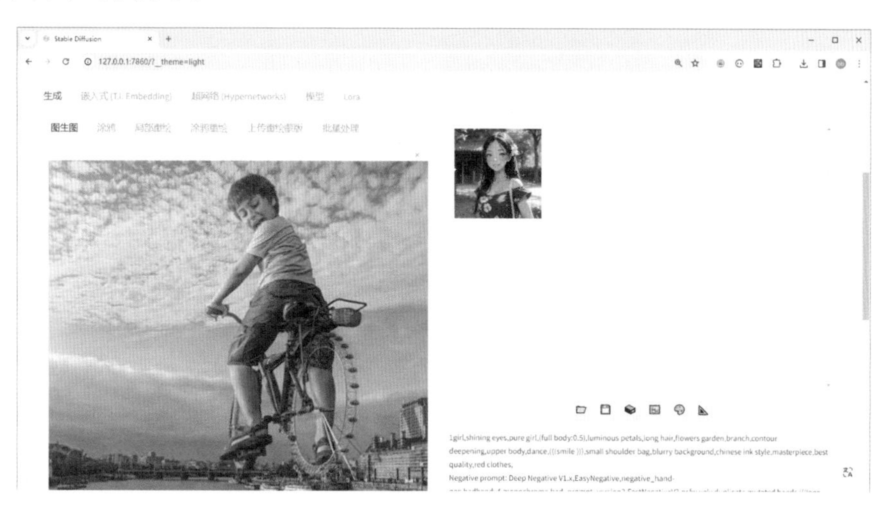

（2）点击“DeepBooru 反推”按钮，使用 SD 的提示词反推功能，从当前这张图片中反推出正确的关键词，此时正面提示词文本输入框将如下图所示。

（3）由于反推得到的提示词并不全面，因此，需要手工补全，例如笔者添加了 rid bicycle,look back,ship 等描述小男孩动作的词，以及质量词 masterpiece,best quality。

（4）由于此图像与前一个图像的尺寸不同，因此需要在“重绘尺寸”处点击◣，以获得参考图的尺寸。

（5）根据自己对“采样方法”“重绘尺寸倍数”“提示词引导系数”“重绘幅度”的理解，重新设置这些参数，然后点击“生成”按钮，便可得到 如下图所示的类似于原图的插画。

在上面展示的步骤中，我们始终工作于图生图模块的第一个标签，即“图生图”功能标签，在后面的章节，笔者将分别讲解“涂鸦”“局部重绘”“涂鸦重绘”“上传重绘蒙版”“批量处理”等不同功能。

另外，虽然需要设置若干参数，但与前面笔者已经讲解过的文生图模块相对比，就可以看出来大部分参数是相同的，因此只要掌握了文生图模块相关参数，此处的学习就易如反掌。

下面详细讲解各个图生图模块的功能。

掌握反推功能

为什么要进行反推

在使用SD进行创作时，经常需要临摹他人无提示词的作品，此时，对于经验丰富且英文较优秀的创作者，尚且可以写作出不错的提示词。但对于初学者来说，凭自己的能力很难写作契合此作品画面的提示词。

在这种情况下，就要使用反推功能，以SD的反推模型来推测作品画面提示词。

需要注意的是当首次使用此功能时，由于SD需要下载功能模型文件，因此，可能会长时间停止在如右图所示的界面，但如果网络速度很快，等待时间会大大缩短。

图生图模块两种反推功能的区别

SD 提供了两个反推插件，一个是 CLIP，一个是 DeepBooru。前者生成是自然描述语言，后者是提示词，例如，右图为笔者上传的反推图像。

使用 Clip 反推得到的提示词为：a boy is riding a bike over a body of water with a city in the background and a bridge in the foreground

使用 DeepBooru 反推得到的提示词为：cloud,sunset,cloudy_sky,ocean,sky,horizon,cityscape,water,shore,scenery,twilight,mountain,bicycle,outdoors,city,sunrise,mountainous_horizon,river,orange_sky,building,evening,solo,beach,sun,lake,bridge,landscape,waves,boat,dusk

对比以上两个提示词，可以看出来，使用 DeepBooru 反推得到的提示词，虽然不是自然表达句式，但总体更加准确一些，而且由于 SD 目前对于自然句式理解并不好，因此，如果要反推，推荐使用 DeepBooru。

使用 WD1.4 标签器反推

除了使用图生图模块进行反推外，还可以使用 SD 的“WD 1.4 标签器”功能进行反推，在 SD 界面中选择“WD 1.4 标签器”，然后上传图像后，则 SD 将自动开始反推，反推成功后的界面如下图所示。

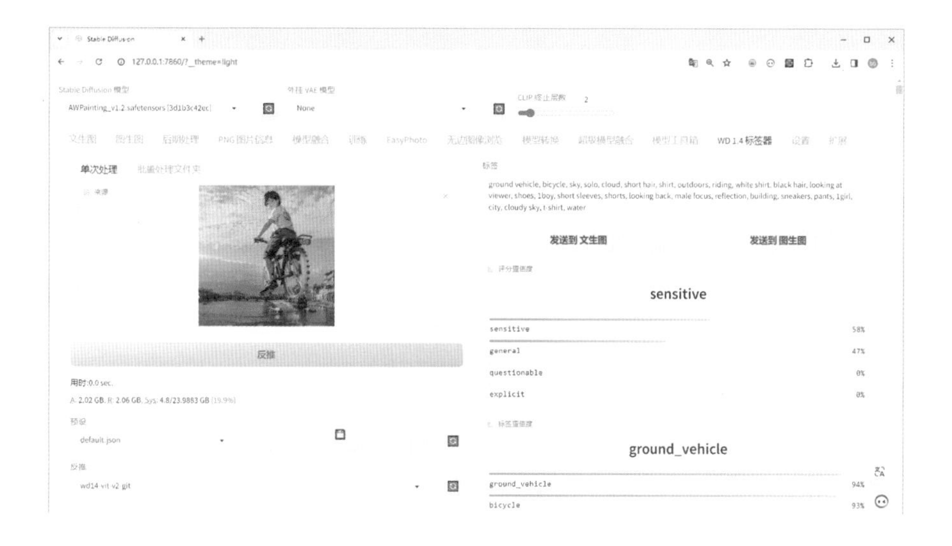

与图生图模块中的反推功能不同，“WD 1.4 标签器”功能除了可以快速得到反推结果，还会给出一系列提示词排序，排在上面的提示词在画面中的权重高，也更加准确。

完成反推后，可以点击“发送到文生图”或“发送到图生图”按钮，将这些提示词发送到不同的图像生成模块。

然后点击“卸载所有反推模型”按钮，以避免反推模型占用内存。

对比图生图模块中的反推功能，笔者建议各位读者首选此反推功能，次选 DeepBooru 反推，Clip 反推尽量避免使用。

涂鸦功能详解

涂鸦功能介绍

顾名思义，涂鸦功能可以依据涂鸦画作生成不同画风的图像作品，例如，下方左侧两幅图展示的是小朋友的涂鸦作品，中间及右下方展示的是依据此图像生成的写实及插画风格作品。

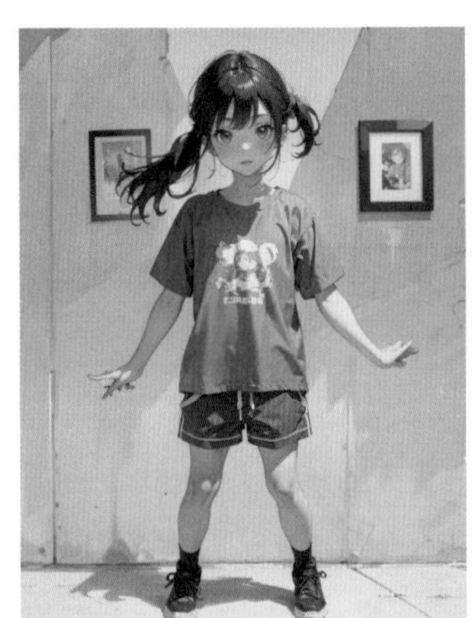

这里展示的是此功能的主要使用方法及效果，除此之外，还可以在参考图像上通过局部涂鸦，来改变图像的局部效果。

涂鸦工作区介绍

当创作者在涂鸦工作区上传图片后，可以在工作区右上角看到 5 个小按钮，下面简要介绍这 5 个小图标的作用。

删除图像 × ，点击此图标，可以删除当前上传的图像。

绘画笔刷 ，点击此图标，可以通过拖动滑块确定笔刷的粗细，然后可以在图像上自由绘制。

回退操作 ，点击此图标，可以逐步撤销已绘制的笔画。

调色盘 ，点击此图标，可以从调色盘中选择笔刷要使用的颜色。

橡皮擦 ，点击此图标，可以一次撤销所有已绘制的笔画。

需要特别指出的是，上述讲解适用于图生图模块的每一个有上传图片工作区的功能。

极抽象参考图涂鸦生成工作流程

在上一页，笔者展示了使用小朋友的涂鸦作品生成写实照片与插画风格图像的效果。在这两个案例中，由于小朋友的涂鸦作品比较具像，因此无论用哪一种反推功能进行提示词反推，都可以得到较好的结果。但如果上传的涂鸦作品过于抽象或难于辨识，如右下图所示，则有可能无法通过反推得到正确或完整提示词，此时需要手工输入提示词。

以左下图为例，使用反推只能够得到一个提示词即 moon，因此笔者手动输入了如下提示词 moon,sea,ship on sea,tree,beach,mountain,fog,night light,masterpiece,best quality。

将底模选择为 majicmixRealistic_v7.safetensors [7c819b6d13]，设置采样步数等参数后，可以得到相当不错的照片效果，如下图所示。

局部重绘功能详解

局部重绘功能介绍

其实，通过此功能的名字，也能大概猜测出来其作用，即通过在参考图像上做局部绘制，使SD 针对这一局部进行重绘式修改。

例如，下方左侧展示的是原图，其他两张图是使用局部重绘功能修改模特身上的衣服后，获得的换衣效果。

局部重绘使用方法

下面通过一个实例讲解此功能的基本使用方法，其中涉及的参数，将在下一节讲解。

（1）上传要重绘的图像，使用画笔工具绘制蒙版将要局部重绘的衣服遮盖住，如左下图所示。

（2）按右下图设置生成参数，然后将“提示词引导系数”设置为7，“重绘幅度”设置为0.75。

（3）确保使用的底模是写实系大模型，然后将正面提示词修改为 yellow gold dress,hand down,masterpiece,best quality。

（4）完成以上设置后，多次点击“生成”按钮，即可得到所需要的效果，可参考本页上方的三幅图片。

图生图共性参数讲解

如果分别点击图生图模块的“局部重绘”“涂鸦重绘”“上传蒙版重绘”“批量处理”四个功能标签，就会发现有一些参数是相通的。

下面笔者先分别讲解这些参数，再一一讲解这四个功能的使用方法。

缩放模式

此参数有“仅调整大小”“裁剪后缩放”“缩放后填充空白”“调整大小（潜空间放大）”四选项，用于确定当创作者上传的参考图片与在图生图界面的“重绘尺寸”数值不同时，SD处理图像的方式。

下面通过示例，直观展示当笔者选择不同选项时获得的不同图像效果。

笔者先上传了一张尺寸为1024×1536的图像，如右图所示，然后将“重绘尺寸”数值设置为1024×1024。

接下来分别选择上述四个选项中的前三个后得到的图像，如下图所示。

仅调整大小

裁剪后缩放

缩放后填充空白

通过上面的示例图可以看出来，当选择“仅调整大小”选项后，SD将按非等比方式缩放图像，以使其尺寸匹配1024×1024。

当选择“仅裁剪后缩放”选项后，SD将裁剪图像，以使其尺寸匹配1024×1024。

当选择“缩放后填充空白”选项后，SD等比改变图像画布，使其尺寸匹配1024×1024。由于原图像尺寸为1024×1536，而“重绘尺寸”数值为1024×1024，因此SD将等比压缩图像的高，使其等于1024，由于压缩后图像的宽度小于1024，因此需要扩展图像画布，同时对于新增的画布进行填充。

蒙版边缘模糊度

要理解这个参数，首先要理解为什么在 SD 中通过绘制的蒙版，对图像的局部进行重绘，能生成过渡自然的图像。

这是由于在 SD 根据蒙版运算时，不仅仅考虑被蒙版覆盖的区域，还会在蒙版边缘的基础上向外扩展一定幅度。

例如，在上面展示的两个蒙版中，蒙版只覆盖了部分胳膊，如下图所示蒙版的上边缘。

但在 SD 运算时会在此蒙版的基础上，继续向外扩展若干像素，将下图中红色线条覆盖的区域也考虑在运算数值内，并在生成新图像时与红色线条覆盖的区域相融合。

上面图中的红色线条宽度就是由“蒙版边缘模糊度”数值来确定，此数值默认是 4，一般控制在 10 以下，这样边缘模糊度刚好适中，融合得相对比较自然，数值过低，新生成的图像边缘就会显得生硬，数值过高，影响到的图像区域会过大。

数值 0

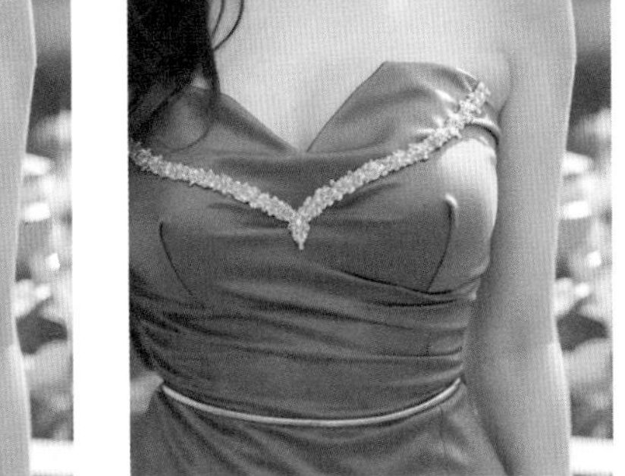
数值 3

数值 9

受限于图书的印刷效果，可能各位读者在观看上面展示的，除数值 0 与 1 以外各数值效果时感觉不十分明显，但实际上只要在电脑屏幕上观看就能够明显看出来当数值为 9 时，新生成的图像部分与原图像融合效果是最好的，当数值更大的融合效果变化不再明显。

蒙版模式

此参数包括了两个选项，即“重绘蒙版内容”“重绘非蒙版内容”。

如果用蒙版覆盖的区域是要重绘的部分，则要选择“重绘蒙版内容”选项。

如果要重绘的区域很大，此时可以仅用蒙版覆盖不要进行重绘的区域，然后选择“重绘非蒙版内容”。

在上述案例中，笔者要更换模特的服装，因此均选择“重绘蒙版内容”。

蒙版区域内容处理

此参数包括了四个选项，即“填充”“原版”“潜空间噪声”“空白潜空间”。四个选项由于采用了不同的算法，因此得到的效果差异非常明显。

填充。选择此选项后，SD 在蒙版区域将图像模糊后，重新生成提示词指定的图像。

原版。选择此选项后，SD 依据蒙版区域覆盖的原图信息，生成风格类似的且符合提示词信息的图像。

潜空间噪声。选择此选项后，SD 完全依据提示词生成新图像，且由于会重新向蒙版区域填充噪声，因此，图像的风格变化会比较大。

空白潜空间。选择此选项后，SD 清空蒙版区域，然后依据蒙版区域周边的像素色值平均混合得到一个单一纯色，并以此颜色填充蒙版区域，然后在此基础上重绘图像。如果希望重绘的图像与原始图像截然不同，但色调仍有些类似，可以选择此选项。

重绘区域

此参数有两个选项“整张图片”“仅蒙版区域”。

如果选择“整张图片”，SD 将会重新绘制整张图片，包括蒙版区域和非蒙版区域。这样做的优点是，可以较好地保持图片的全局协调性，蒙版区域生成的新图像能够更好地与原图像融合。

如果只希望改变图片的局部，以达到精细控制效果，则要选择“仅蒙版区域”。此时 SD 只会对蒙版部分重新绘制，不会影响蒙版外的区域。在这种状态下，只需输入重绘部分提示词即可。

仅蒙版区域下边缘预留像素

此参数仅在“仅蒙版区域”被选中的情况下有效，其作用是控制 SD 在生成图片时，针对蒙版边缘向外延伸多少像素，其目的是使新生成的图像与原图像融合更好。

由于在选择“整张图片”时，SD 会重新渲染生成整张图像，因此无须考虑蒙版覆盖的重绘图像是否能够与原图像更好地融合。

右上图为此数值为 0 时，渲染过程中 SD 显示的蒙版区域预览图。右下图为此数值为 80 时，渲染过程中 SD 显示的蒙版区域预览图。

对比两张图能明显看出右下图图像区域更大，这正是由于数值被设置为 80，SD 在渲染生成图像时，需从蒙版边缘向外展的原因。

重绘幅度

这是一个非常重要的参数，用于控制重绘图像时新生成的图像与原图像的相似度。

较低的数值使生成的图像看起来与输入图像相似，因此，如果只想对原图进行小的修改，要使用较低的值。

较高的数值可增加图像的变化，并减少参考图像对重绘生成的新图像的影响。当数值逐渐变大时，生成的新图像与原图关联度越来越低。

涂鸦重绘功能详解

涂鸦重绘功能介绍

无论是参数还是界面涂鸦重绘，与局部重绘功能都非常类似，区别仅在于，上传参考图像后，当创作者使用画笔在参考图像上绘制时，可以调整画笔的颜色，如下图所示，这一区别使涂鸦重绘具有了影响重绘区域颜色的功能。

涂鸦重绘使用方法

下面通过具体案例讲解涂鸦重绘使用方法，在本案例中笔者将利用此功能为模特更换衣服样式。

（1）启动SD后，进入图生图界面，将准备好的素材图片上传到涂鸦重绘模块，如左下图所示。

（2）接下来对图片内容重绘，这里想把衣服换成蓝色的卫衣，所以点击 按钮修改画笔颜色为蓝色，由于绘制区域比较大，点击 按钮调整画笔大小，最后在图片中的衣服区域开始涂抹，如右下图所示。

（3）点击“DeepBooru 反推”按钮，使用 SD 的提示词反推功能，从当前这张图片中反推出正确的提示词，此时正面提示词文本输入框如下图所示。

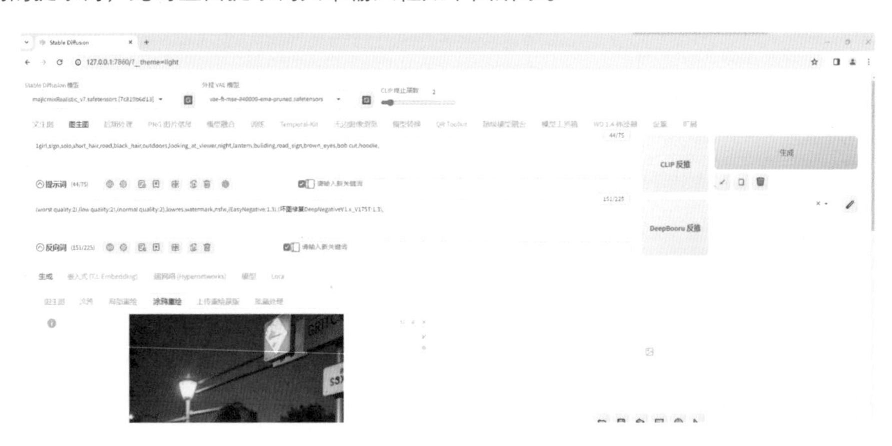

（4）由于反推得到的关于衣服描写的提示词与接下来涂鸦重绘的内容会发生冲突，所以笔者删除了 coat，brown coat 这些描述衣服的词，增加了想要换成的卫衣词语 hoodie。

（5）在“重绘尺寸”处点击◺按钮以获得参考图的尺寸，调整生图尺寸与参考图一致，否则会出现比例不协调的情况。

（6）根据自己对“采样方法”“重绘尺寸倍数”“提示词引导系数”“重绘幅度”的理解，设置这些参数，然后点击“生成”按钮，便可得到如下图所示穿着蓝色卫衣的女生图片。

上传重绘蒙版功能详解

上传重绘蒙版功能介绍

上传重绘蒙版功能实际上与局部重绘功能是一样的，区别仅在于，在上传重绘蒙版功能界面中，创作者可以手工上传一张蒙版图像，而不是使用画笔绘制蒙版区域，因此，创作者可以利用 Photoshop 等图像处理软件获得非常精确的蒙版。

如果图像的主体不是特别复杂，在 Photoshop 中只需要选择使用“选择”—“主体”命令，即可得到比较精准的主体图像。

然后将选择出来的图像，拷贝至一个新图层，用“编辑”—“填充”命令，填充为白色，并将原图像所在的图层填充为黑色。

按 CTRL+E 合并图层或选择“图层”—“拼合图像”命令，最后将此图像导出成为一个新的 PNG 图像文件即可。

上传重绘蒙版使用方法

下面通过案例讲解上传重绘蒙版使用方法，在本案例中笔者将利用此功能为模特更换背景。

（1）准备一张更换人物背景的图片，将其上传到 PS 中绘制蒙版图片，然后将其保存为一个 PNG 格式图像文件。

（2）启动 SD 后，进入图生图界面，将准备好的素材图片上传到重绘蒙版模块的原图上传区域，将准备好的蒙版图片上传到重绘蒙版模块的蒙版上传区域，如下图所示。

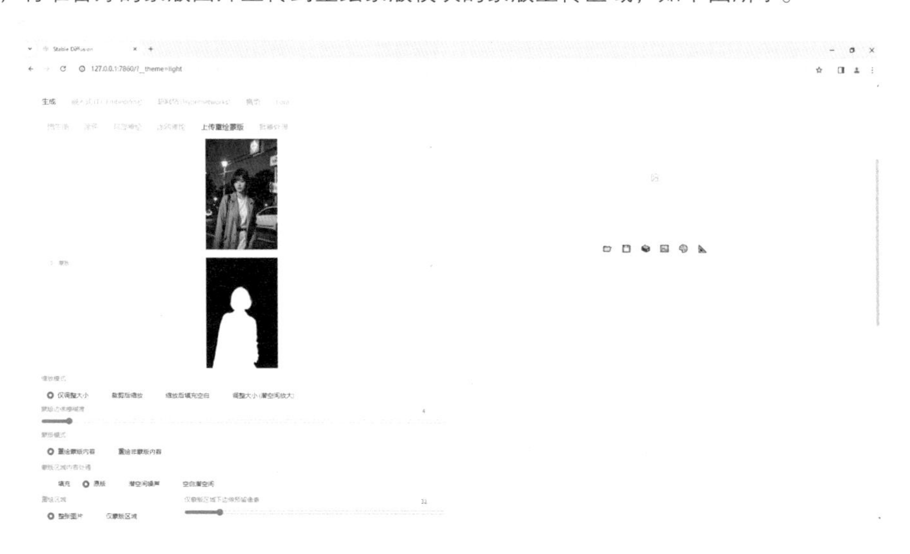

（3）这里需要注意和前面局部重绘的不同，上传蒙版中的白色代表重绘区域，黑色代表保持不变的区域，所以这里的“蒙版模式”改为重绘非蒙版区域，也就是黑色的背景区域。

（4）点击“DeepBooru 反推”按钮，使用 SD 的提示词反推功能，从当前这张图片中反推出正确的提示词，此时正面提示词文本输入框如下图所示。

（5）由于反推得到的关于背景描写的提示词与接下来重绘白天在公园的背景发生冲突，所以笔者删除了 night,lantern,building,road_sign 与接下来描述不相关的词，增加了想要重绘的背景词 blue_sky,suneate,in the park,day,cloud，以及质量词 Best quality,masterpiece,extremely detailed,professional,8k raw。

（6）调整生图尺寸与参考图一致，否则会出现比例不协调的情况，在“重绘尺寸”处点击◺按钮，以获得参考图的尺寸。

（7）根据自己对“采样方法”“重绘尺寸倍数”“提示词引导系数”“重绘幅度”的理解，设置这些参数，然后点击“生成”按钮，便可得到如右下图所示女孩白天在公园的图片。

第4章

掌握 Midjourney 工作流程及常用参数与命令

如何注册 Midjourney

Midjourney（简称 MJ）是一个运行在 discord 平台上的软件，因此要用好 Midjourney，首先要对 discord 有所了解。

discord 是一款免费的语音、文字和视频聊天程序，它允许任何用户在个人或群组中创建服务器，与其他用户进行实时聊天和语音通话，并在需要时共享文件和屏幕。因其功能强大、使用便捷且免费，已成为最受欢迎的聊天程序之一。要使用 Midjourney，可以分为以下 4 个步骤。

注册 discord 账号

由于 Midjourney 运行于 discord 平台，因此，需要先注册 discord 账号，其方法与在国内平台上注册账号区别不大，登录其网站，点击“在您的浏览器中打开 discord”按钮，然后按提示步骤操作即可。

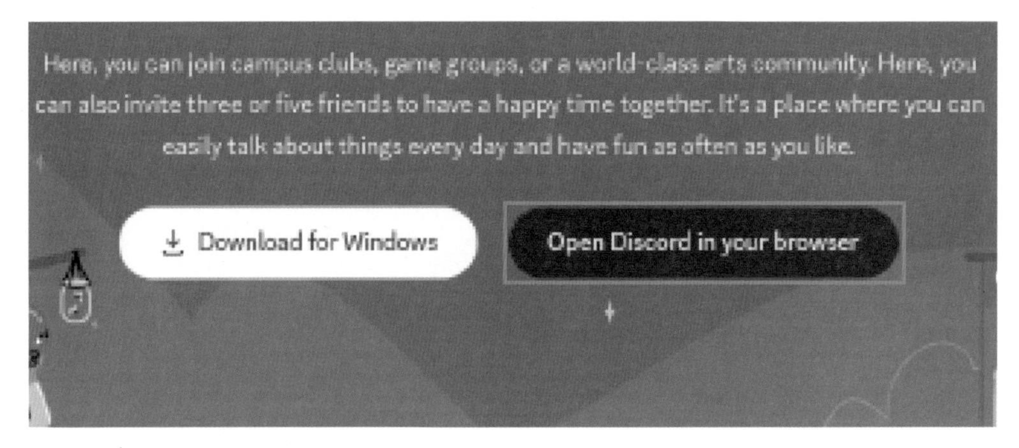

创建频道加入社区

进入 discord 官网界面，在左侧工具栏中点击“创建服务器”按钮，点击自己创建私人频道。再次在左侧工具栏中点击“探索可发现的服务器”按钮，在社区中选择加入 Midjourney 社区。

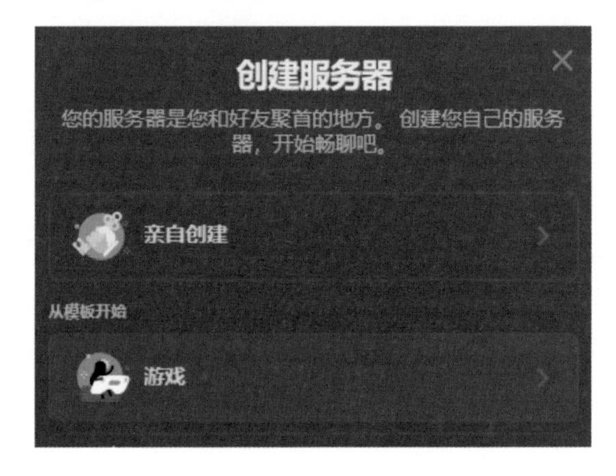

添加 Midjourney Bot

返回主界面，点击右上方“显示成员名单：按钮，点击 Midjourney Bot 头像，选择添加至 APP，将其添加至自己服务器中。这样做好处是，管理创作工作流更方便，在自己的创作工作流中不会插入其他人的作品。

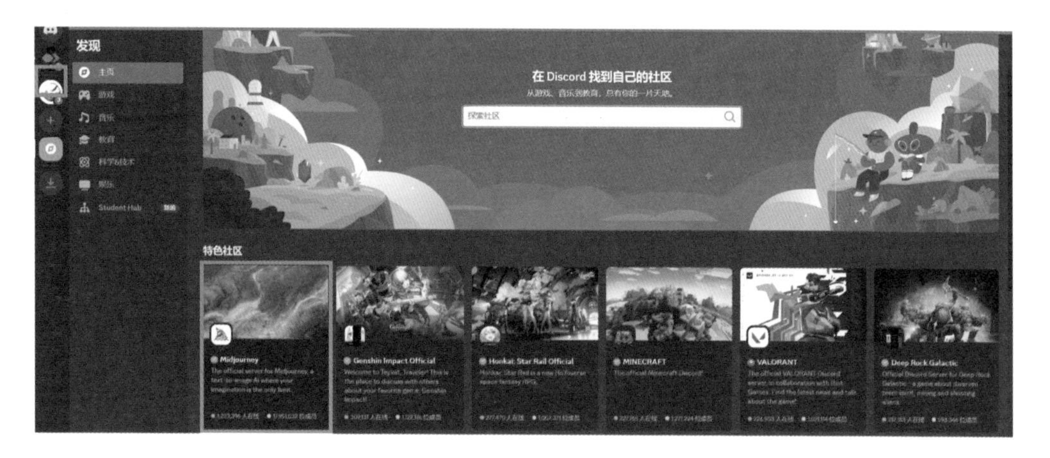

订阅 Midjourney 会员

由于 Midjourney 的用户数量激增，因此其取消了免费试用的功能，目前想要使用 Midjourney，只能通过付费订阅的形式使用。

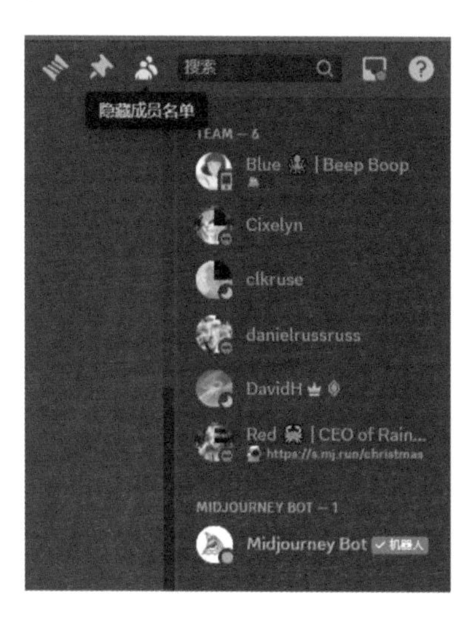

在 discord 命令行中输入 /subscribe，或进入 https://www.Midjourney.com/account/ 网址，即可选择三种会员计划中的一种订阅。

其中基础会员每月 8 美元每个月能出 200 张图；30 美元为标准计划，每个月有 15 小时快速模式服务器使用时长额度；60 美元为专业计划，每个月有 30 小时快速模式服务器使用时长额度。

此处的快速模式是指当创作者向 Midjourney 提交一句提示语后，Midjourney 立即开始绘图，与此相对应的是 relax 模式，在此模式下，当创作者向 Midjourney 提交提示语后，Midjourney 不会立即响应，只有在 Midjourney 的服务器空闲的情况下，才开始绘画，可以通过输入 /settings 命令调整作图模型及响应模式。

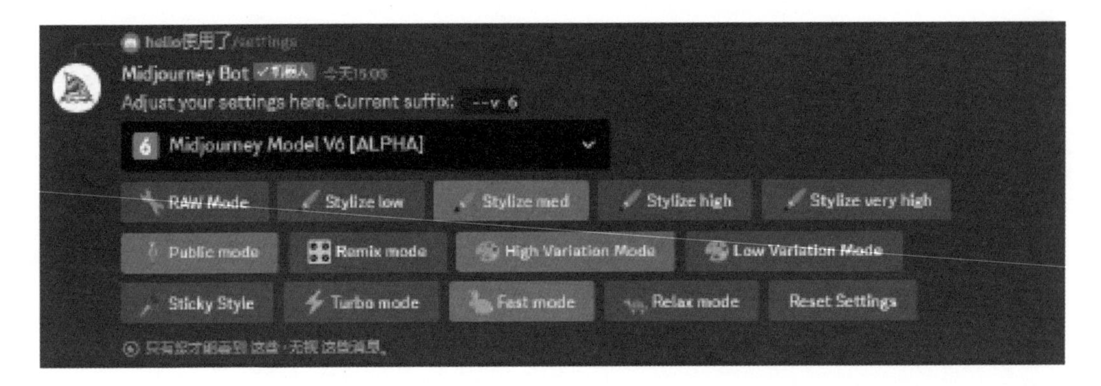

服务器使用时长额度是指创作者绘画占用的 Midjourney 服务器时间。这意味着，如果创作者使用了更高的出图质量标准或更复杂的提示词，在同样的时长额度里，出图的数量就会减少。可以输入 /info 命令查看使用剩余时间。

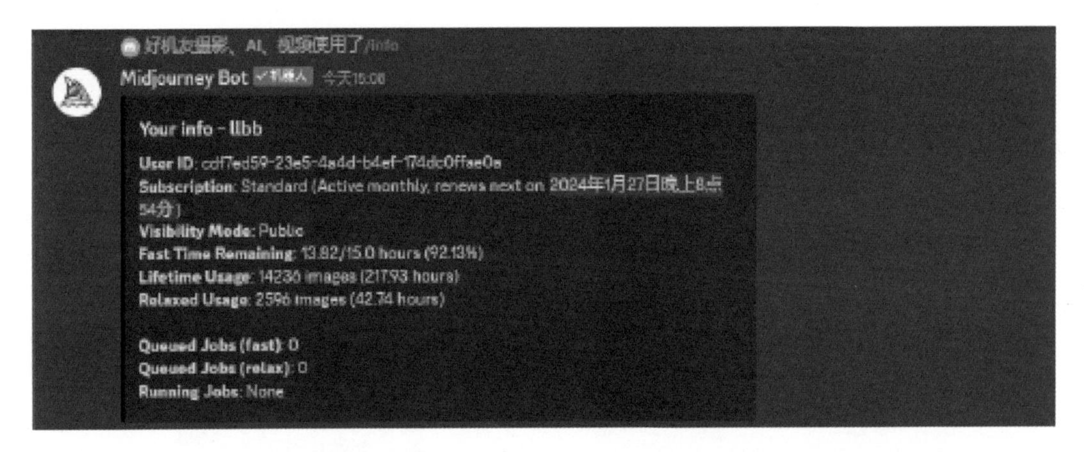

若要取消订阅，可在 discord 底部对话框中输入 /subscribe 命令并回车，在机器人回复的文本中点击 open subscription page 按钮，在弹出的付款信息中点击 manager，再点击 cancel plan。

掌握 Midjourney 命令区的使用方法

MJ 生成图像的操作是基于命令或带参数的命令来实现的，当进入 Discord 界面后，在最下方可以看到命令输入区域，在此区域输入英文符号 /，则可以显示若干命令，如下图所示。

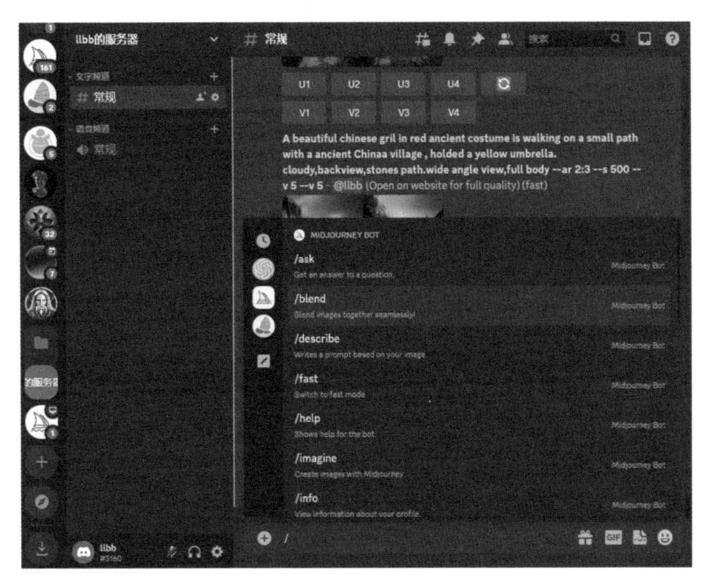

可以在此直接选择某一个命令执行，也可以直接在 / 符号后输入拼写正确的命令。如果被选中的命令需要填写参数，则此命令后面会显示参数类型，如左下图所示的 /blend 命令；如果命令可以直接运行无须参数，则命令显示如右下图所示。

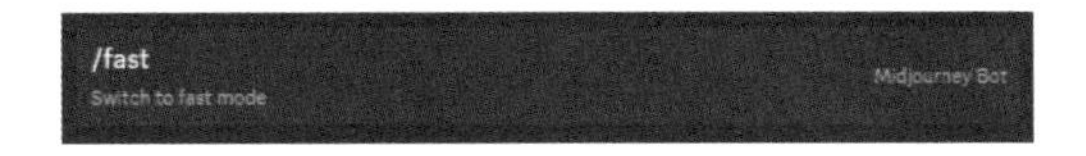

需要注意的是，前面提到的“参数”是一个广义词，根据不同的命令，参数可能是一段文字，也可能是一张或多张图像。

在实际应用过程中，可以通过在 / 符号后面输入命令首字母或缩写的方法，快速显示要使用的命令，例如，对于使用频率最高的 /imagine，只需要输入 /im，就能快速显示此命令，如左下图所示。

如果点击命令行左侧的 + 符号，可以显示如右下图所示的菜单，使用其中的三个命令，可以完成上传图像、创建子区及输入 / 符号等操作。

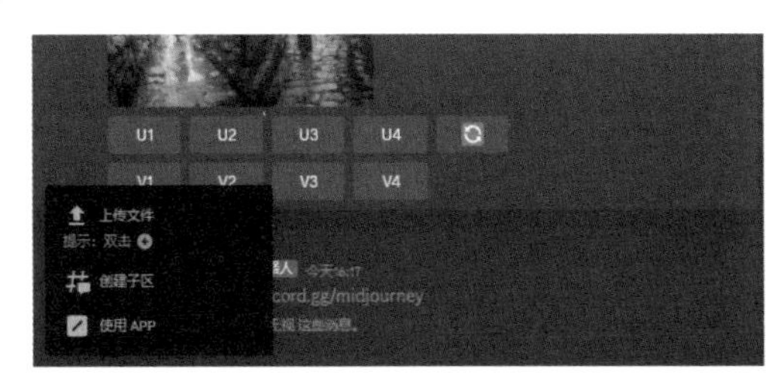

用 imagine 命令生成图像

基本用法及提示语结构

/imagine 命令是 MJ 中最重要的命令，在 MJ 的命令提示行中找到或输入此命令后，输入提示语，即可得到所需的图像，如下图所示。

在 /imagine 命令后面英文部分 chinese dragon with gold helmet, rushing with a scared face. towards the camera frantically. photorealistic . 用于描述要生成的图像。

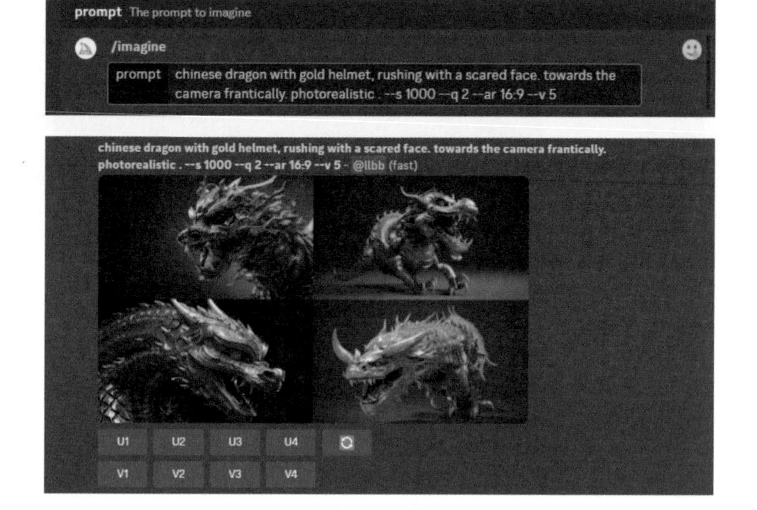

后面的 --s 1000 --q 2 --ar 16:9 --v 5 是参数，会影响图像画幅、质量和风格等方面。

使用此命令会生成 4 张图像，如右图所示，这 4 张图像被称为四格初始图像，点击后可以放大观看细节。

U 按钮与 V 按钮的使用方法

如果认为初始图像效果不错，可以单击 U1~U4 按钮，放大各个初始图像，以得到高分辨率图像。

U1 对应的是左上角图像、U2 对应的是右上角图像、U3 对应的是左下角图像、U4 对应的是右下角图像。如果对于初始图像不太满意，可以单击 V1~V4 按钮，对各个初始图像做衍生操作，使 MJ 针对此初始图像做变化操作。

例如，笔者点击 V1 后，会得到如右图所示的衍变四格图像，在此基础上还可以再分别多次单击 V1~V4 按钮，使 MJ 针对四格图像做再次衍变处理。

如果所有四格图像无法令人满意，则可以单击刷新按钮，生成新的四格图像。

当在四格图像中找到最终满意的图像后，可以单击 U1~U4 按钮，生成高分辨率图像。

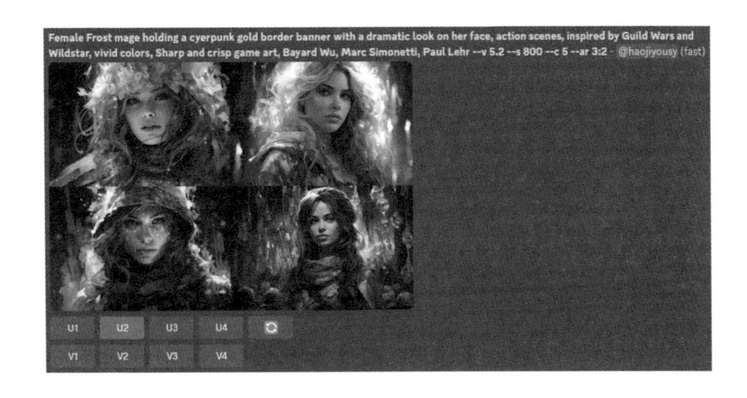

再次衍变操作

要在大图基础上再次执行衍变操作，可以单击 Vary(Strong) 以产生变化幅度更大的四格图像，或单击 Vary(Subtle) 以产生变化更微妙的四格图像。

查看详情操作

如果想要查看此图像的详情，可以单击大分辨率图像下方的 Web 按钮。

此时可进入作品查看页面，在此页面中不仅可以看到提示词、参数和图像分辨率，还能看到许多同类图像，可以通过查看优秀同类图像的提示词，来修正自己的提示词，以得到更优质的图像。

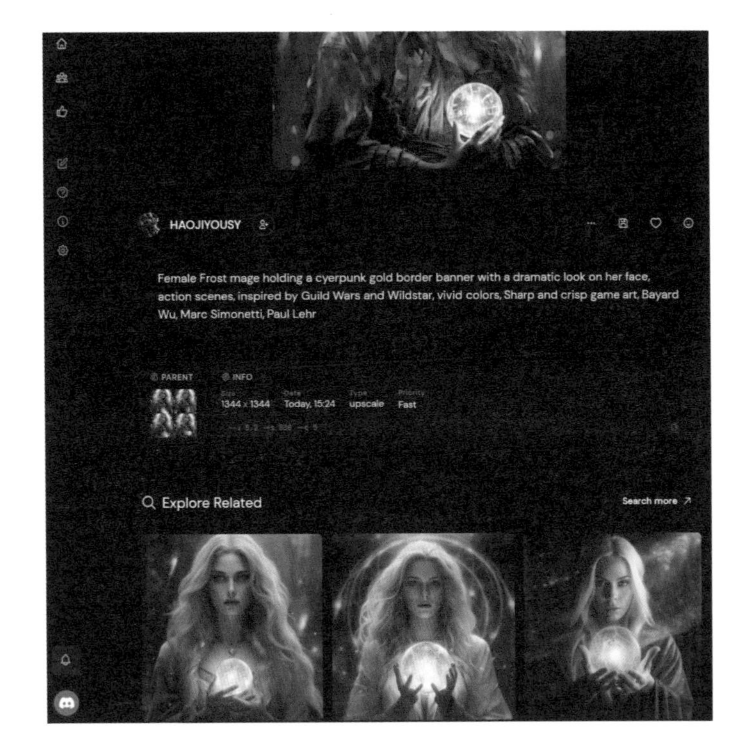

Zoom Out 按钮的使用方法

MJ 更新的 5.2 版提供了强大的 Zoom out 功能，使用此功能可以无限扩展原始图像，这个功能类似于目前许多 AI 软件提供的扩展画布功能。

例如，下左图为原图，在此基础上，可以连续扩展为下面展示的一系列图像，从而使要表现的场景不断扩大。

这意味着，对于初级 MJ 创作者来说，在撰写提示词时不必过于纠结关于景别的单词是否描述正确，只要获得局部图像，就能通过使用此功能得到全景图像。

但对于高级创作者来说，必须清晰的是，使用这种方法获得的全景图像与使用正确的全景景别提示词，所获得的图像在透视效果上还有较大的区别。

此功能的方法是先按常规方法获得四格初始图像，如左下图所示，点击 U 按钮生成大图。

然后点击图像下方的 Zoom Out 2x 或 Zoom Out 1.5x 按钮，如右下图所示。如果希望获得其他的放大倍率，可点击 Custom Zoom 按钮，并在 --zoom 后面填写 1.0~2.0 之间的数值。

Pan 按钮的使用方法

Pan 按钮是指在 MJ 放大的图像下方的四个箭头图标，如下左图所示。其作用类似于前面讲解的 Zoom Out 按钮，用于向某一个方向扩展画面。

此功能弥补了 Zoom Out 按钮只能向四周扩展画面的不足，使画面扩展更加灵活。例如，下右图为笔者点击向右箭头扩展画面得到的效果。

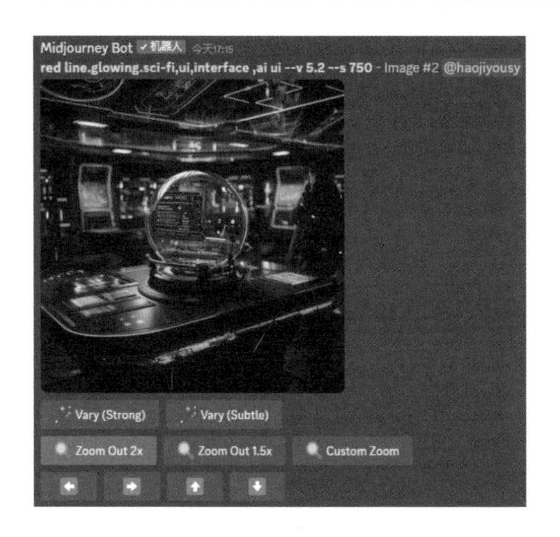

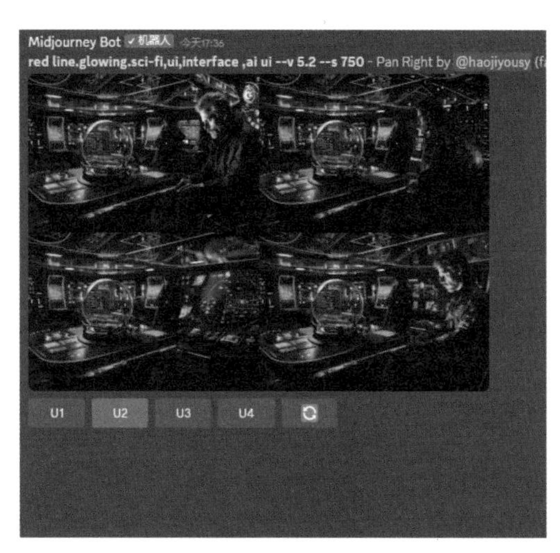

针对扩展得到的四格新图像，可以在点击 U 按钮放大后，再次进行扩展。

但需要注意的是，目前 MJ 不支持对同一图像同时在垂直及水平方向上扩展，因此，点击向右箭头后，在生成的大图下方只能看到两个水平方向的按钮，如左下图所示。

此时创作者可以选择点击 Make Square 按钮将此图像扩展为正方形图像，或继续水平扩展图像，会得到如右下图所示的效果。

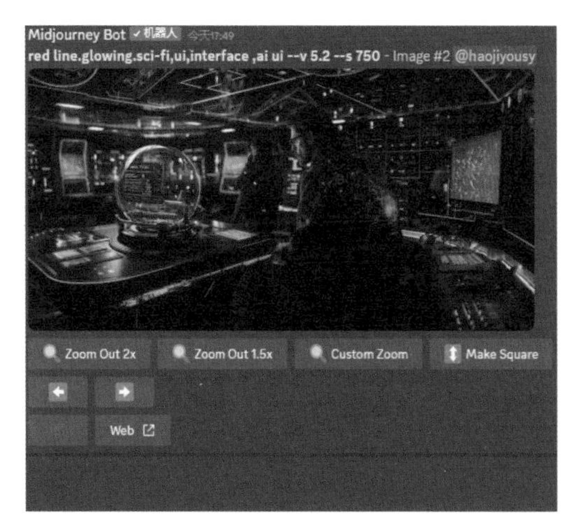

按此方法经过多次操作，可以获得类似于全景照片式的更大分辨率图像，或用这些素材生成类似于平移镜头扫视的视频。

掌握 Midjourney 生成图像的参数

理解参数的重要性

如前所述，在使用 MJ 生成图像时，需要使用参数控制图像的画幅、质量、风格，以及用于生成图像的 MJ 版本。正确运用这些参数，对于提高生成图像的质量非常重要。

例如，左下图与右下图使用的提示语与大部分参数均相同，只是左下图使用了 --v 5 参数，右下图使用了 --niji 5 参数，从而使得到的两组图像风格截然不同。

参数撰写方式

在提示语后面添加参数时必须使用英文符号，而且要注意空格问题。

例如，-- iw0.5，不能写成为 --iw0.5，否则 MJ 就会报错。在右侧所示的两个错误消息中，MJ 提示 --v5 与 --s800 格式有误，应该为 -- v 5 与 -- s 800。

另外，参数的范围也要填写正确，例如，在右侧所示的错误中，MJ 提示在 V5 版本中 --iw 的数值范围为 0.5~2，因此填写 0.25 数值是错误的。各参数的范围在后面的章节中均有讲解。

随着 MJ 的功能逐渐完善、强大，还会有更多新的参数，但只要学会观看 MJ 的错误提示信息，就能轻松地修改参数填写错误。

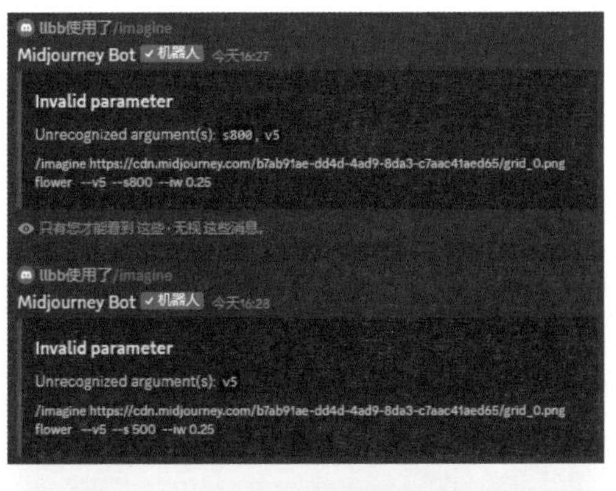

用 aspect 参数控制图像比例

可以用参数 --aspect 来控制生成图像的比例。在默认情况下，--aspect 值为 1:1，生成正方形图像。

如果使用的是 --v 5 版本，可以使用任意正数比例。

但如果使用的是其他版本，则需要注意比例的限制范围。对于 --v 4 版本，此数值仅可以使用 1:1、5:4、3:2、7:4、16:9 等比例值。

在实际使用过程中，--aspect 可以简写为 --ar。

用 quality 参数控制图像质量

在使用 MJ 时，可以使用参数 --quality 来控制生成图像的质量。较高的质量设置参数，需要更长的处理时间，但会产生更多细节。然而，较高的值也会消耗更多的 GPU 时间，因此会更消耗自己订阅的 GPU 时间量。

需要注意的是，较高的质量参数效果不一定更好，这取决于生成图像的风格类型。例如，较低的 --quality 参数设置可能会更抽象外观，而较高的值可能会改善建筑、人像等需要更多细节的图像类型。

默认情况下，--quality 值为 1。如果使用的是 --v 5 及 --v 4 版本，则此数值的范围为 0.25~5。

在实际使用过程中，--quality 被简写为 --q，此参数设置不影响图像的分辨率。

用 chaos 参数控制差异化

在使用 MJ 时，可以使用参数 --chaos 影响图像初始网格图的差异化程度。

较高的 --chaos 值会使 4 个网格图中的图像产生更大的区别，反之，使用较低的 --chaos 值，则会使 4 个网格图中的图像更加相似。

在默认情况下，此数值为 0。如果使用的是 --v 5 及 --v 4 版本，则此数值的范围为 0~100。在实际使用过程中，--chaos 被简写为 --c。

在下面的图像中，由于第二组使用了 --c 90 参数，因此 4 张图像之间有非常明显的差异。

用 stylize 参数控制图像风格化

在使用 MJ 时，可以使用参数 --stylize 来控制生成图像的艺术化程度。较高的参数设置，需要更长的处理时间，但得到的效果更具艺术性，因此图像中有时会出现大量提示词没有涉及的元素，这也意味着最终得到的效果与提示词的匹配度更差。反之，越低的数值可使图像更加贴近提示词，但效果的艺术性也往往较低。

默认情况下，--stylize 值为 100。如果使用的是 --v5 及 --v4 版本，则此数值的范围为 100~1000。

在实际使用过程中，--stylize 被简写为 --s，此参数设置不影响图像的分辨率。

在下面的两排图像中，第一排参数为 1000，第二排参数为 100，这会导致图像艺术化差异明显。

Photograph taken portrait by Canon EOS R5,full body, A beautiful queen dress chinese ancient god clothes on her gold dragon throne ,Angry face, finger pointing forward,splendor chinese palace background，super wide angle,shot by 24mm les,in style of Yuumei Art, full portrait, 8k, photorealistic , elegant, hyper realistic, super detailed, portrait photography, global illumination --ar 2:3 --stylize 1000 --q 2 --v 5

Photograph taken portrait by Canon EOS R5,full body, A beautiful queen dress chinese ancient god clothes on her gold dragon throne ,Angry face, finger pointing forward,splendor chinese palace background，super wide angle,shot by 24mm les,in style of Yuumei Art, full portrait, 8k, photorealistic , elegant, hyper realistic, super detailed, portrait photography, global illumination --ar 2:3 --stylize 100 --q 2 --v 5

Midjourney 各写实模型版本介绍

MJ 有多个版本，每个版本的算法各不相同，因此得到的图像风格也不同。在使用提示词时，可以在提示词后面添加 --version 或 --v 参数，从而为当前所要生成的图像指定不同的 MJ 版本。

为方便对各版本进行较为直观的感受，笔者以 a pretty boy,stunning conte crayon drawing in the style of jim lee 为提示语生成图像，分别使用参数 --v 4、--v 5、--v 5.1、--v 5.2、--v 6.0，得到从左到右的五张图像。依次进行画面对比可以发现模型升级带来的画面质感变化，最左侧 v4 版本图像画面细节较为简单，到 v5 版本就接近于提示语所描述的绘画风格。由于使用了 5.2 版本模型，第四张图像逼近于照片，最新更新的 6.0 版本在满足提示描写的同时，画面笔触更加真实细腻。

v4 版本模型介绍

v4 是 2022 年早期版本，能够输出相对不错的图像，但在图像的真实程度上稍有不足，生成人物面部与手容易变形，但在生成插画、科幻等图像方面有着优异表现。

full body,futuristic knight in shining armor standing in ruins, flames and smoke background environment, this knight is holding a blue laser sword ,h.r giger style intricate designs etched into the armor, gold and silver accents, sleek and smooth, the rococo-style steel vines are winding,photorealism,intricate details, precise features, cinematic 8k,Unreal Engine, HDR, Subsurface scattering --ar 2:3 --v 4 --seed 1 --stylize 840

v5 系列版本模型介绍

自 2023 年 3 月 16 日更新 5.0 版本后，MJ 后续又陆续完成了 v5.1、v5.2 的小版本更新，下面分别介绍其特点。

v5.0 版本模型介绍

v5.0 版本是 v4 版本的全面升级，画面质量和图像风格开始接近真实影像，画面写实风格提升显著。

» 生成的图像风格更广，开始具有更宽广的风格范围，可以在提示词中添加艺术风格进行图像模拟生成。

» 提示词理解能力升级，具有更详细的细节描述能力。

» 支持生成更高质量的图像，动态范围更广。

» 支持 --tile 参数，以实现无缝贴图。

» 支持 --ar 比例大于 2：1 的长宽比。

» 支持 --iw，以权衡图像提示和文本提示。

jewelry design, Ornate, Expensive,shot by canon eos R5, photorealistic , product view, --s 550 --v 5 --iw 2 --v 5

jewelry design, Ornate, Expensive,shot by canon eos R5, photorealistic , product view, --s 550 --v 5 --iw 0.5 --v 5

v5.1 版本模型介绍

V5.1 版本于 2023 年 5 月 4 日发布，在该版本中 AI 文本理解能力进一步提高，可以进行一定程度的自主发挥和补充，让画面的细节更丰富、风格更强烈。

» 引入了 AI 自主理解功能，为画面补充细节丰富画面内容。

» 对文本提示的识别更准确，画面内容与文本提示关联性更高，视觉效果更连贯自然。

» 减少了画面中不必要的边框和乱码文字内容的出现。

» 提升了画面锐度，生成的内容比之前更加清晰。

» 新增加了 raw 模式，生成的图像与提示词更加匹配。

并且，在 v 5.1 版本中还提高了构图合理性，人物体态和画面元素关系更加真实自然。因此在图片生成方面更加贴近现实和用户的意图，对于生成广告、平面设计类图像来说有较大提升。

back light,A beautiful lady dressed in gorgeous Chinese Hanfu is dancing in an ancient Chinese courtyard --s 500 --style raw --v 5.1

cool Luffy,white curly hair, laughing out loud, Elichiro Oda style, Surrounded by lightning,black background,kungfu pose, kawaii, full body, random neon lights, reflective clothing, clean background, blind box style, popmart, chibi, holographic, prismatic, pvc --style raw --s 750 --v 5.1

v5.2 版本模型介绍

v5.2 模型版本于 2023 年 6 月 23 日发布，这是一个明显追求写实效果的模型，生成的光影效果变化更加细腻，并具有更好的颜色、对比度和构图，但在图像创意度方面与 5.1 相比有所下降。此外，MJ 还新增了拓展与画面平移功能。

» 新增 Zoom out 图像外绘功能，可实现图像的任意拓展绘制，左下角为原图，右下角为扩展后的图像。

» 新增 High Variation Mode 模式，让同一张图像生成 4 张变体图像，差异更加明显。

» 新增 /shorten 命令，可以让 Midjourney 帮我们分析、精简提示词。

» 修复了 --stylize 参数，图像的风格化程度会明显增强。

shadows from windows on face,Two girls in style HanFu style clothing stand on the street of the city,Three-quarter view, photography, photorealistic,full body,full portrait --s 750 --v 5.2

shadows from windows on face,Two girls in style HanFu style clothing stand on the street of the city,Three-quarter view, photography, photorealistic,full body,full portrait --s 750 --v 5.2

v6 版本模型介绍

v6 Alpha 测试版本发布于 2023 年 12 月 21 日，并在 2024 年 2 月完成正式上线。v6 版本不是在原有模型基础上的升级，而是一个从头开始训练的新模型，该模型可以生成比之前发布的任何模型都更加真实的图像。

特别需要指出的是，由于此模型在训练时使用了大量电影素材，因此可以生成几乎与知名电影一般无二的场景图。

» 图像质量升级，画面质感及细节刻画更加细致，图像的光影处理相比 v5.2 模型也更加真实自然。

» 文本提示内容增加，具备了长语句自然语言描写能力。

» 可以使用主体 + 方位词的形式控制画面中元素的位置。

» 新增文本绘制功能，可以在图片中添加简单的文本。

» 支持制作多格漫画风格，多格漫画可以作为动画视频的分镜参考，同时也可以直接用于漫画生成。

Still life photograph with a red apple on the left on the wooden table, a basket of bananas in the middle, a basket of oranges on the right, and a vintage camera in the bodyguard, head-up photography, Tyndall light effects, primitivism --v 6

a cake, text "Welcome 2024" on it --ar 3:2 --stylize 200 --v 6

Chinese comic book page Panel 1: In a serene village, the young protagonist, Xiao Ming, discovers an ancient and mysterious necklace. When he puts it on, he is transported to a magical and fantastical world. Panel 2: Xiao Ming finds himself in a forest full of magic and mythical creatures. There, he encounters a small fairy named Nina who can speak the human language. Nina tells him that he can return to his world only by completing three tasks. Panel 3: Xiao Ming accepts the challenge and embarks on an adventure with Nina. They journey through the forest, encountering various fantastical creatures and learning magical skills along the way. Panel 4: During their adventure, Xiao Ming meets a powerful and mysterious wizard who imparts new magical abilities. This strengthens Xiao Ming's belief in the possibility of completing the tasks. Panel 5: Xiao Ming and Nina successfully accomplish the first two tasks, but the third task becomes more challenging. They must traverse a dangerous maze and find a hidden treasure within. Panel 6: In the depths of the maze, Xiao Ming and Nina encounter the most powerful guardian. Through teamwork, they defeat the guardian and discover the treasure. Xiao Ming puts on the necklace from the treasure, returning to his world, but the friendship with Nina remains forever in his heart --ar 3:2 --v 6.0

Midjourney 各插画模型版本参数

了解 niji 的版本

niji 模型被 Midjourney 专门用于生成插画类图像，目前有两个版本，分别是 niji model 4 与 niji model 5。无论使用哪一个版本的模型，均能够得到高质量的插画图像，但论及图像效果的完善程度及美感，还是 niji model 5 更胜一筹。

在下面两组图中，使用了相同的提示语 floating woman, floating hair with jellyfish and smoke, dream head, cyberpunk color scheme, flying city background,ghibli style，但左下图添加了版本参数 --niji 4，右下图添加了版本参数 --niji 5，两者的效果可以说区别明显。

另外需要注意的是，niji 4 模型无法添加风格化参数 --s，否则就会显示如右图所示的错误提示。

而 niji 5 模型则可以添加此参数控制图像艺术化和风格化程度。

Midjourney Bot ✓机器人 今天14:17

Invalid parameter

--stylize is not compatible with --niji 4

/imagine floating woman, floating hair with jellyfish and smoke, dream head, cyberpunk color scheme, flying city background,ghibli style --ar 2:3 --niji 4 --s 250 --niji 5 --s 750

了解 niji 5 的参数

如果使用的是 niji 5 版本，则可以通过添加四个参数来控制生成图像的风格。

使用 --style cute 参数可以创作出更迷人可爱的角色、道具和场景。

使用 --style expressive 参数，可以让画面更精致更有表现力及插画感。

使用 --style original 参数，则可以让 Midjourney 使用原始 niji 模型版本 5，这是 2023 年 5 月 26 日之前的默认版本。

使用 --style scenic 参数，可以让创作出来的画面更注重奇幻的场景。

下面展示的是使用同样的提示语后，添加不同的参数获得的效果。

digital art, glitch art, web art, experimental art, cyber art, anime top model girl, collage --ar 2:3 --s 450 --style expressive --niji 5

digital art, glitch art, web art, experimental art, cyber art, anime top model girl, collage --ar 2:3 --s 450 --style cute --niji 5

了解 niji 6 的参数

2024 年 1 月 30 日，niji v6 alpha 版正式发布。可以在提示语后添加 --niji 6 使用 , 或者向 Midjourney Bot 发送 /settings 命令，将默认模型设置为 niji6 来使用，如下图所示。

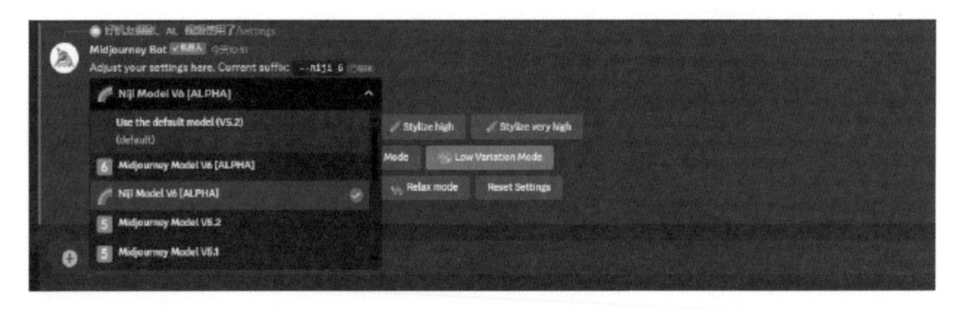

此次更新与 Midjourney v6 版本更新内容大致相似，一个是支持更细节更长的 prompt 提示，另一个是支持简单文本嵌入，即可以同 v6 一样，在提示词命令中通过为文字内容添加引号，使生成的图片中有文字。但与 Midjourney v6 版本相比，使用 Niji v6 生成文本的成功率稍低一些。

以图生图的方式创作新图像

基本使用方法

MJ 具有很强的模仿能力，可以使用图像生成技术生成类似于原始图像的新图像。这种技术使用深度学习神经网络模型来生成具有相似特征的图像。

在图像生成中，神经网络模型通常被称为生成对抗网络（generative adversarial network，gan），由生成器（generator）和判别器（discriminator）两个神经网络组成。生成器负责生成新图像，而判别器负责识别生成器生成的图像是否与真实图像相似。这两个神经网络不断互相对抗和学习，使得生成的图像逐渐接近创作者上传的参考图像。

使用步骤如下。

1. 单击命令行中的 + 号，在菜单中选择“上传文件”命令，然后选择参考图像。

2. 图像上传完成后，会显示在工作窗口。

3. 选中这张图像，然后单击鼠标右键 ，在弹出的快捷菜单中选择“复制图片地址”命令，然后单击空白区域，退出观看图像状态。

4. 输入或找到 /imagine 命令，在参数区先按【ctrl+v】组合键执行粘贴操作，将上一步复制的图片地址粘贴到提示词最前方，然后敲空格键，输入对生成图片效果、风格等方面的描述，并添加参数，敲回车键确认，即可得到所需的效果。

左下图所示为笔者上传的参考图像，中下图所示为生成的四格初始图像，右下图所示为放大其中一张图像后的效果，可以看出，整体效果与原参考图像相似，质量不错。

图生图创作技巧 1——自制图

使用图生图时，一个有用的技巧是自制参考图，这需要有一定的 photoshop 软件应用技巧，可以得到更符合需求的参考图。创作者可以根据自己的想象，将若干个元素拼贴在一张图中，操作时无须考虑元素之间的颜色、明暗匹配关系，只需考虑整体构图及元素比例即可。

例如，下面左图所示为笔者使用若干元素拼贴而成的一张参考图，可以明显看出，各个元素之间的颜色与明暗有很大差异。下中图所示为根据此参考图得到的四张初始图像，下右图所示为放大后的效果。

下面展示一些笔者使用这种自制图方法制作的示例。

图生图创作技巧 2——多图融合

在前面的操作示例中，笔者使用的都是一张图，但实际上，创作者可以根据需要使用多张图像执行图像融合操作。

但操作方法与使用一张图并没有不同，区别在于需要上传 2 张以上的图像。

如果希望控制图像融合的效果，可以在提示词中图片地址的后方输入希望生成的图像效果及风格，如果只希望简单融合图像，可以只输入参数值。

例如，在创作下面的两组图像时，笔者都只输入了参数值，因此最终融合得到的图像是由 MJ 平衡地提取了参考图像中最典型的特征后生成的。

例如，第一组图像中左侧参考图的武器、长发，中间图像的齿轮、服装，均能很融洽地出现在最终的融合图像中。

由于两张参考图像相差较大，因此，第二组图像的最终效果图虽然也能明显看出两张图片的特征，但整体效果有些出乎意料。这也提示创作者，在融合时最好不要使用完全不相同的图，或者注意在提示词中添加提示词以对效果进行控制。

图生图创作技巧 3——控制参考图片权重

当用前面讲述的以图生图的方法进行创作时，可以用图像权重参数 --iw 来调整参考图像对最终效果的影响效果。

较高的 --iw 值意味着参考图像对最终结果的影响更大。

不同的 MJ 版本模型具有不同的图像权重范围。

对于 v5 版本，此数值默认为 1，数值范围为 0.5~2。对于 v3 版本，此数值默认为 0.25，数值范围为 – 10000~10000。

右图所示为笔者使用的参考图，要生成的图提示语为 flower --v 5 --s 500，下面 4 张图为 --iw 参数为 0.5（左上）、1（右上）、1.5（左下）、2（右下）时的效果图。

通过图像可以看出，当 --iw 数值较小时，提示语 flower 对最终图像的生成效果影响更大；但当 --iw 数值为 2 时，生成的最终图像与原始图像非常接近，提示语 flower 对最终图像的生成效果影响不大。

用 blend 命令混合图像

/blend 是一个非常有意思的命令，当创作者上传 2~5 张图像后，使用此命令可以将这些图像混合成一张新的图像，这个结果有时在意料之中，有时则完全出乎意料。

基本使用方法

1. 在命令行中找到或输入 /blend 后，则 MJ 显示如下图所示的界面，提示创作者要上传两张图像。

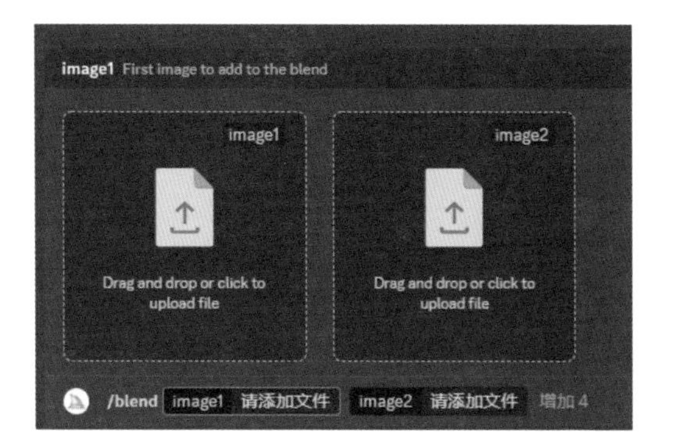

2. 可以直接通过拖动的方法将两张图像拖入上传框中。下图就是笔者上传图像后的界面。

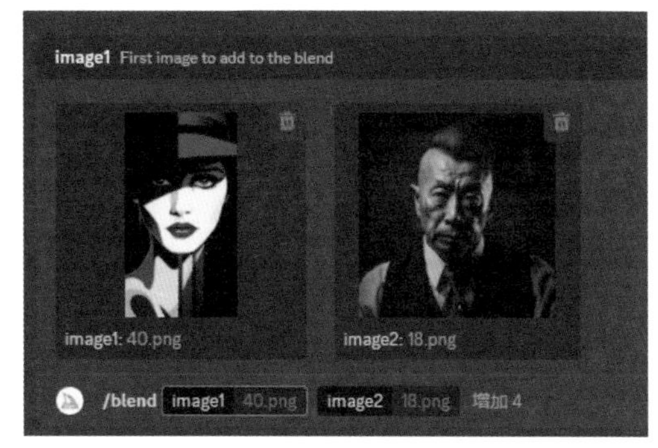

3. 在默认情况下，混合生成的图像是正方形的，但创作者也可以自定义图像比例，方法是在命令行中单击一下，此时 MJ 会显示更多参数，其中 dimensions 用于控制比例。

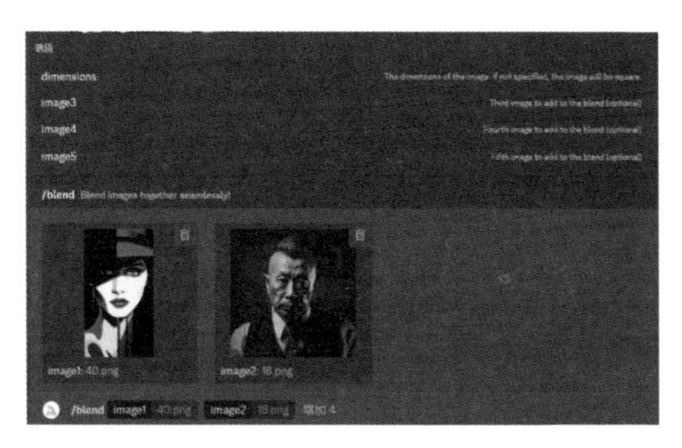

4. 选择 dimensions 后，可以选择 portrait、square、landscape 3 个选项，其中 portrait 生成 2:3 的竖画幅图像，square 生成正方形图像，landscape 生成 3:2 的横画幅图像。

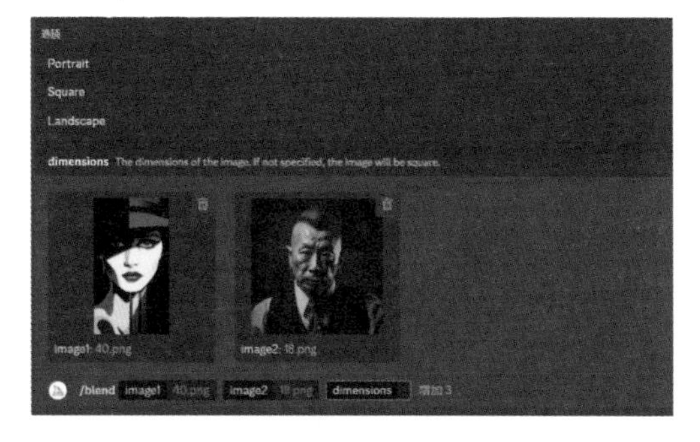

5. 按回车键后，则 MJ 开始混合图像，得到如右侧所示的效果图。

混合示例

可以尝试使用 /blend 命令混合各类图像，以得到改变风格、绘画类型、颜色等元素的图像，下面是一些示例，左侧两图为原图，右侧两图为混合后的效果。

使用注意事项

使用 /blend 命令混合图像的优点是操作简单，缺点是无法输入文本提示词。因此，如果希望在混合图像的同时，还能够输入自定义的提示词，应该使用前面讲述的 /imagine 命令，通过上传图像后获得的图像链接地址进行混合的方法。

用 describe 命令自动分析图片提示词

MJ 的一大使用难点就是撰写准确的提示词，这要求创作者要具有较高的艺术修养与语言功底，针对这一难点 MJ 推出了 describe 命令。

使用这一命令，可以让 MJ 自动分析创作者上传的图片，并生成对应的提示词。虽然每次分析的结果可能并不完全准确，但大致方向并没有问题，创作者只需在 MJ 给出的提示词基础上稍加修改，就能够得到个性化的提示词，进而生成令人满意的图像。

下面是基本使用方法。

1. 找好参考图后，在 MJ 命令行处找到 /describe 命令，此时 MJ 将出现一个上传文件的窗口。

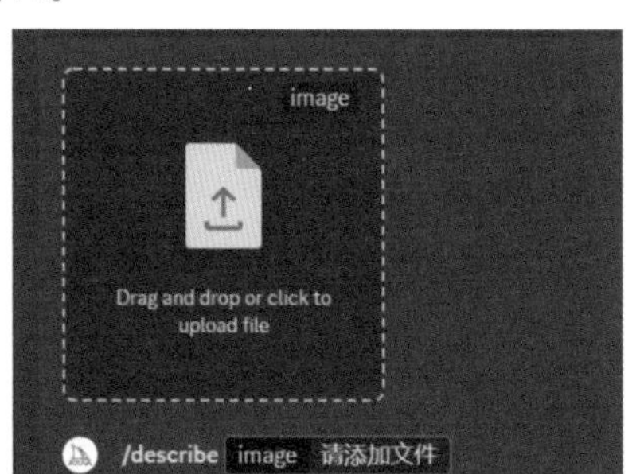

2. 将参考图直接拖到此窗口以上传此参考图，然后按回车键。

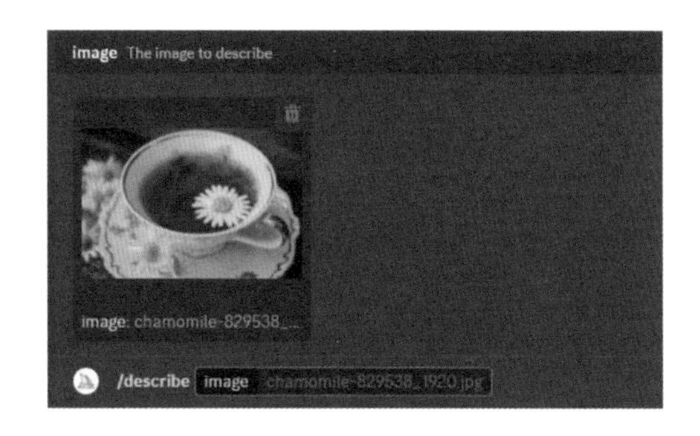

3. 分析 MJ 生成的提示关键词，在图片下方单击认可的某一组提示词的序号按钮。

4. 单击序号按钮，在打开的文本框中对提示词进行修改后提交，即可生成新图像。

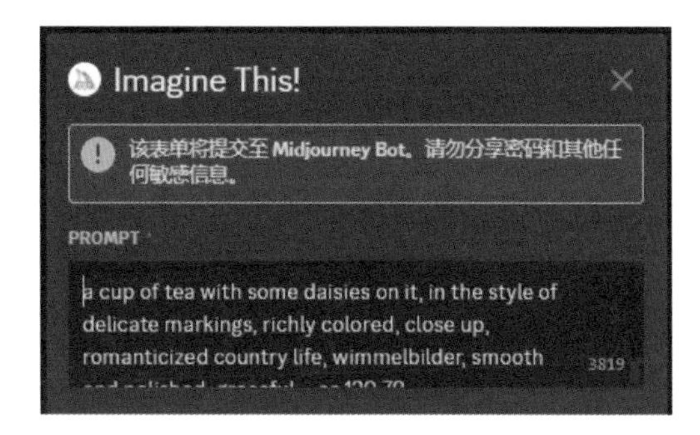

第5章

掌握 Midjourney 与 Stable Diffusion 提示词撰写核心

认识 Stable Diffusion 提示词

使用 SD 生成图像时，无论是用“文生图”模式，还是使用“图生图”模式，均需要填写提示词，可以说，如果不能正确书写提示词，几乎无法得到想要的效果。因此，每一个使用 SD 的创作者，都必须掌握提示词的正确撰写方法。

正面提示词

正面提示词用于描述创作者希望出现在图像中的元素，以及画质、画风。书写时要使用英文单词及标点，可以使用自然语言进行描述，也可以使用单个的字词。

前者如 A girl walking through a circular garden，后者如 A girl, circular garden,walking。

从目前 SD 的使用情况来看，如果不是使用 SDXL 模型最新版本，最好不要使用自然语言进行描述，因为 SD 无法充分理解这样的语言。即便使用的是 SDXL 模型，也无法确保 SD 能正确理解中长句型。

正因如此，使用 SD 进行创作有一定随机性，这也是许多创作者口中所说的“抽卡”，即通过反复生成图像来选择出自己最满意的图像。

常用的方法之一是在“总批次数”与“单批数量”数值输入框中输入不同的数值，以获得若干张图像，如下图所示。

另一种方法是在“生成”按钮上点击右键，在弹出的快捷菜单中选择“无限生成”，以生成大量图像，直至点击“停止无限生成”按钮，如下图所示。

正确书写正面提示词至关重要，这里不仅涉及书写时的逻辑，还涉及语法、权重等相关知识，这些将会在下面的章节详细讲解。

负面提示词

简单说，负面提示词有两大作用，第一是提高画面的品质，第二是通过描述不希望在画面中出现的元素或不希望画面具有的特点来完善画面。例如，为了让人像的长发遮盖耳朵，可以在负面提示词中添加 ear；为了让画面更像照片而不是绘画作品，可以在负面提示词中添加 painting,comic；为了让画面中的人不要出现多手多脚，可以再添加 too many fingers,extra legs 等词条。

例如左下图为没有添加负面提示词时的效果，右下图为添加后的效果。可以看出，质量有明显提高。

相对而言，负面提示词的撰写逻辑比正面提示词还是要简单许多，而且可以使用以下两种方法。

使用 Embedding 模型

由于 Embedding 模型可以将大段的描述性提示词整合打包为一个提示词，并产生同等甚至更好的效果，因此 embedding 模型常用于负面提示词。

比较常用的是以下几个。

① EasyNegative

EasyNegative 是目前使用率极高的一款负面提示词 embedding 模型，可以有效提升画面的精细度，避免模糊、灰色调、面部扭曲等情况，适合动漫风大模型，下载链接如下。

https://civitai.com/models/7808/easynegative

https://www.liblib.art/modelinfo/458a14b2267d32c4dde4c186f4724364

② Deep Negative_v1_75t

Deep Negative 可以提升图像的构图和色彩，减少扭曲的面部、错误的人体结构、颠倒的空间结构等情况的出现，无论是动漫风还是写实风的大模型都适用，下载链接如下。

https://civitai.com/models/4629/deep-negative-v1x

https://www.liblib.art/modelinfo/9720584f1c3108640eab0994f9a7b678

③ badhandv4

badhand 是一款专门针对手部进行优化的负面提示词 embedding 模型，能够在对原画风影响较小的前提下，减少手部残缺、手指数量不对、出现多余手臂的情况，适合动漫风大模型，如下图所示。

此模型下载链接如下。

https://civitai.com/models/16993/badhandv4-animeillustdiffusion

https://www.liblib.art/modelinfo/388589a91619d4be3ce0a0d970d4318b

④ Fast Negative

Fast Negative 也是一款非常强大的负面提示词 embedding 模型，它打包了常用的负面提示词，能在对原画风和细节影响较小的前提下提升画面的精细度，动漫风和写实风的大模型都适用，下载请按前言或封底提示信息操作。

https://www.liblib.art/modelinfo/5c10feaad1994bf2ae2ea1332bc6ac35

使用通用提示词

生成图像时，可以使用下面一段通用负面提示词。

nsfw,ugly,duplicate,mutated hands, (long neck), missing fingers, extra digit, fewer digits, bad feet,morbid,mutilated,tranny,poorly drawn hands,blurry,bad anatomy,bad proportions,extra limbs, cloned face,disfigured,(unclear eyes),lowers, bad hands, text, error, cropped, worst quality, low quality, normal quality, jpeg artifacts, signature, watermark, username, bad feet, text font ui, malformed hands, missing limb,(mutated hand and finger:1.5),(long body:1.3),(mutation poorly drawn:1.2),malformed mutated, multiple breasts, futa, yaoi,gross proportions, (malformed limbs), NSFW, (worst quality:2),(low quality:2), (normal quality:2), lowres, normal quality, (grayscale), skin spots, acnes, skin blemishes, age spot, (ugly:1.331), (duplicate:1.331), (morbid:1.21), (mutilated:1.21), (tranny:1.331), mutated hands, (poorly drawn hands:1.5), blurry, (bad anatomy:1.21), (bad proportions:1.331), extra limbs, (disfigured:1.331), (missing arms:1.331), (extra legs:1.331), (fused fingers:1.61051), (too many fingers:1.61051), (unclear eyes:1.331), lowers, bad hands, missing fingers, extra digit,bad hands, missing fingers, (((extra arms and legs)))

正面提示词结构

无论是在 SD 还是在 MJ 中要撰写提示词，均可以参考下面这个通用表述模板。

质量 + 主题 + 主角 + 环境 + 气氛 + 镜头 + 风格化 + 图像类型

这个模板的组成要素解释如下。

» 质量：即描述画面的质量标准。

» 主题：要描述出想要绘制的主题，如珠宝设计、建筑设计、贴纸设计等。

» 主角：既可以是人也可以是物，对其大小、造型、动作等进行详细描述。

» 环境：描述主角所处的环境，如室内、丛林中、山谷中等。

» 气氛：包括光线，如逆光、弱光，以及天气，如云、雾、雨、雪等。

» 镜头：描述图像的景别，如全景、特写以及视角水平角度类型。

» 风格化：描述图像的风格，如中式、欧式等。

» 图像类型：包括图像是插画还是照片，是像素画还是 3D 渲染效果等信息。

在具体撰写时，可以根据需要选择一个或几个要素来进行描述。

同时要注意避免使用没有实际意义的词汇，如画面有紧张的气氛、天空很压抑等。

在提示词中可以用逗号分割词组，且有一定权重排序功能，逗号前权重高，逗号后权重低。

因此，提示词通常应该写为以下几种。

图像质量 + 主要元素（人物，主题，构图）+ 细节元素（饰品，特征，环境细节）

若是想明确某主体，应当使其生成步骤向前，生成步骤数加大，词缀排序向前，权重提高。

画面质量→主要元素→细节。

若是想明确风格，则风格词缀应当优于内容词缀。

画面质量→风格→元素→细节。

质量提示词

在此“质量”是指图片的整体素质，相关的指标有分辨率、清晰度、色彩饱和度、对比度、噪声、场景整齐或混乱程度等，高质量的图片会在这些指标上有更好的表现。

为此就需要在正面提示词中添加下面所列出来的常见的质量提示词：best quality（最佳质量）、masterpiece（杰作）、ultra detailed（超精细）、UHD（超高清）、HDR、4K、8K。

需要特别指出的是，针对目前常见常用的 SD 1.5 版本模型，在提示词中添加质量词是有必要的，但如果使用的是较新的 SDXL 版本模型，则由于质量提示词对生成图片的影响很小，因此可以不必添加。因为 SDXL 模型默认就会生成高质量的图片。

而 SD 1.5 版本的模型在训练时使用了各种不同质量的图片，所以，要通过质量提示词告诉模型优先使用高质量数据来生成图像。

下面展示的两张图片，使用了完全相同的底模、生成参数，唯一的区别是，在生成右下展示的图像时使用了质量提示词 best quality,4K,UHD,best quality,masterpiece，而生成左下角图像时没有使用。从图像质量来看，右下角展示的图像质量明显高于左下角图像。

掌握 Stable Diffusion 提示词权重

在撰写提示词时，可以通过调整提示词中单词的权重来影响图像中局部图像的效果，其方法通常是使用不同的符号与数字，具体如下所述。

用“{}”大括号调整权重

如果为某个单词添加 {}，则可以为其增加 1.05 倍权重，以增强其在图像中的表现。

用“( )”小括号调整权重

如果为某个单词添加 ()，可以为其增加 1.1 倍权重。

用“(( ))” 双括号调整权重

如果使用双括号，则可以叠加权重，使单词的权重提升为 1.21 倍（1.1 × 1.1），但最多可以叠加使用三个双括号，即 1.1 × 1.1 × 1.1=1.331 倍。

例如，当笔者以 1girl,shining eyes,pure girl,(full body:0.5),luminous petals,short hair,Hidden in the light yellow flowers,Many flying drops of water,Many scattered leaves,branch,angle,contour deepening,cinematic angle 为提示词生成图像时，可以得到左下角所示的图像。但如果为 Many flying drops of water 叠加三个括号后，则可以得到右下角所示的图像，可以看出，水珠明显增多了。

用“[ ]”中括号调整权重

以上符号均为添加权重，如果要减少权重，可以使用中括号，以减少该单词在图像中的表现。当添加 [] 后，可以将单词本身的权重降低为 0.9 倍，同样最多可以用三个。

例如，下图为 Many flying drops of water 叠加三个 [] 后的效果，可以看出，水珠明显减少了。

用“: ”冒号调整权重

除了使用以上括号后，还可以使用冒号加数字的方法来修改权重数值。

例如，(fractal art:1.6) 就是指为 fractal art 添加 1.6 倍权重，(fractal art:0.6) 就是指为 fractal art 添加 0.6 倍权重。

在实际应用时，权重数值可以小到 0.1，但通常不建议大过 1.5，因为当权重数值过大时，图像有较大可能出现崩坏与乱码。

理解 Stable Diffusion 提示词顺序对图像效果的影响

在默认情况下，提示词中越靠前的单词权重越高，这意味着当创作者发现在提示词中某一些元素没有体现出来时，可以依靠两种方法使其出现在图像中。

第一种方法是使用前面曾经讲述过的叠加括号的方式。

第二种方法是将此单词移动至句子的前面。

例如，当笔者以提示词 1girl,shining eyes,pure girl,(full body:0.5),scattered petals,flower,scattered leaves,branch,angle,contour deepening,cinematic angle,Exquisite embroidered in gorgeous Hanfu,Blue printed floral cloth umbrella,red chinese bag,dragon and phoenix patterns 生成图像时，得到的效果如左下图所示，可以看到图像中并没有出现笔者在句子末尾添加的 red chinese bag,dragon and phoenix patterns（红色中国风格包、龙凤图案）。

但如果笔者将 red chinese bag,dragon and phoenix patterns 移于句子的前部，使提示词成为 1girl,red chinese bag,dragon and phoenix patterns,shining eyes,pure girl,(full body:0.5),scattered petals,flower,scattered leaves,branch,angle,contour deepening,cinematic angle,Exquisite embroidered in gorgeous Hanfu,Blue printed floral cloth umbrella 时，再生成图像，则可以使图像中出现红色的包，如右下图所示。

获得与抹除 Stable Diffusion 提示词及生成参数

获得提示词与设置参数

在默认的情况下，使用 SD 生成的 PNG 图片均包含有正面、负面提示词及生成此图片时创作者设置的参数，因此如果要复现此图片，按下面的方法操作即可。

在 SD 中点击“PNG 图片信息”功能标签，切换至其工作界面。

将要查看信息的图片拖至左侧的上传图片框，右侧就会显示其相关信息，如下图所示。

当获得相关提示词与设置后，可以点击下方的“发送到文生图”“发送到图生图”等按钮，以在此参数的情况下生成图像，或通过局部修改其中的参数，获得其他图像。

需要注意的是，如果样图使用了 ControlNet 参数，则无法点击下方的“发送到文生图”“发送到图生图”等按钮复制参数，需要手工查看并设置相关参数。

抹除提示词与设置参数

并不是所有图像的提示词与参数都需要向外界分享，如果创作者认为自己使用的提示词与参数需要保密，则可以通过抹除提示词的操作，使其他人无法查看，如下图右侧所示。

要抹除图片的信息方法很多，例如，可以在截图软件直接截图后上传，可以在 Photoshop 中将其转存为其他格式图像，还可以利用一款名为 exifcleaner 的专业图像信息抹除软件来去除这些信息，软件的下载请按前言或封底提示信息操作。

认识 Midjourney 提示语结构

在 MJ 中生成图像时，要在 /imagine 命令后面输入英文语句与参数，这些英文语句与参数可以统称为 prompt，即提示语。

用好 MJ 的核心要点就是写出 AI 系统能理解的提示词，并确保提示词符合 AI 系统规范。

因此，要想用好 MJ，首先要了解提示词的结构，其次要掌握提示词的写作思路。

完整的 prompt 分为三部分，即图片链接、文本提示词和参数。

图片链接

图片链接的作用是为 MJ 提供参考图，并影响最终结果，在本章后面介绍以图生成图的部分时会有详细讲解，下方的浅蓝色文字即为图片链接。

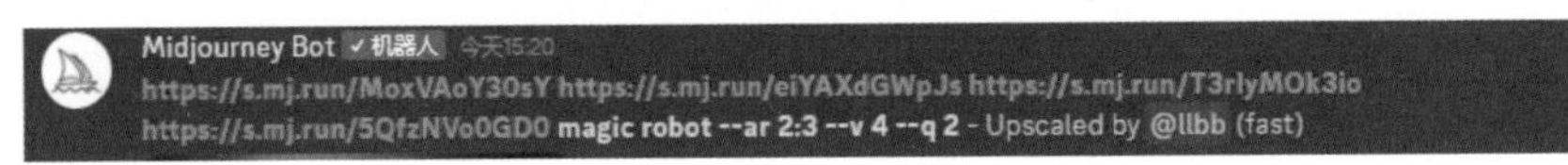

文本提示词

文本提示词是 MJ 的核心与学习重点，除非是采取以图片生成图片的方式进行创作，否则文本提示词是必不可少的部分。

根据要生成的效果，文本提示词可以简短为一个短句，如左下图所示，也可以复杂成为一篇小短文，如右下图所示。

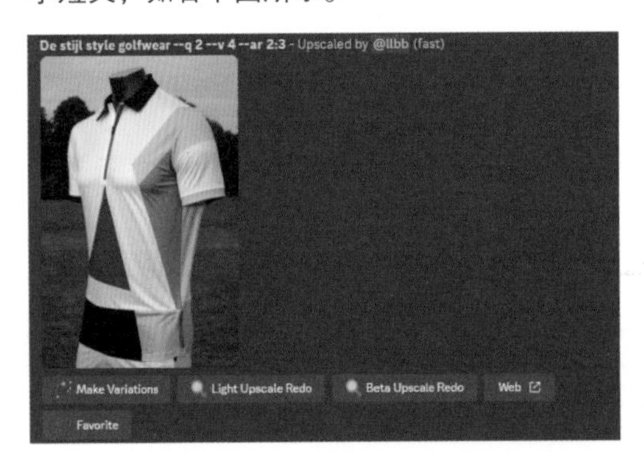

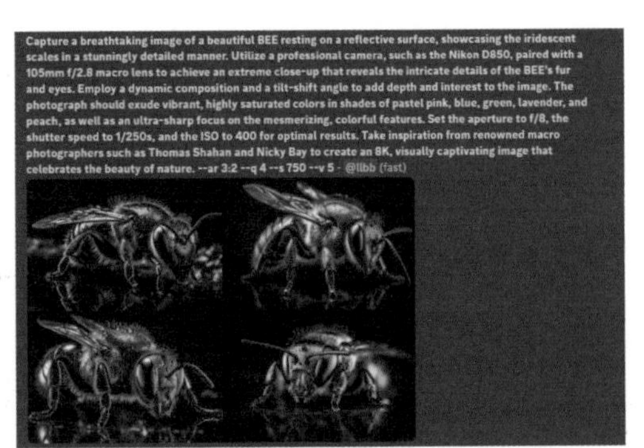

文本提示语是创作者需要关注的重点，也是本书讲解的重点，在后面的章节中，将分别讲解提示语的语法、撰写辅助工具、常用句式等内容。

参数

通常在每一个提示语的最后都要添加参数，以控制图像的生成方式，如宽高比、生成版本、质量等，不同的参数值对图像有不同的影响，这些参数在本章后面均有详细讲解。

例如，--ar 2:3 --q 5 --v 4 --c 50 --s 800 这一组参数定义了照片宽高比为 2:3，质量为 5，以 MJ v4 版本进行渲染生成，初始图像差异度为 50，风格化为 800。

利用翻译软件辅助撰写提示语

除非有深厚的英文功底，否则笔者建议创作者在撰写提示语时，打开 2~3 个在线翻译网站，先用中文描述自己希望得到的图像画面，再将其翻译成英文。

如果英文功底很弱，可以随便选择一个翻译后的文本填写在 /imagine 命令后面。

如果英文功底尚可，可以从中选择一个自己认为翻译得更加准确的文本填写在 /imagine 命令后面。

笔者经常使用的是百度在线翻译、有道在线翻译及 deepl 在线翻译。

下面是笔者给出的文本、翻译后的文本及使用此文本生成的图像。

两个维京武士军队相互进攻，在荒凉的平原上，雨水透过乌云倾盆而下。他们的旗帜在风中猎猎作响。一面旗帜上是黑乌鸦，另一面旗帜上是断裂剑柄。在这片战场上，士兵们用力挥舞着手中的斧头和长剑相互厮杀，他们身上的盔甲闪烁着光芒，他们的脸上写满了愤怒和威严。远处有火焰与浓烟。风暴席卷了整个战场，将相互攻击的士兵们的旗帜和长发吹得翻飞。雨水打湿了他们的盔甲和武器。一些士兵已经倒在了泥泞的地上。

two armies of viking warriors attacked each other, and rain poured down through dark clouds on a desolate plain. their flags hunted in the wind. on one banner, a black crow; on the other, a broken hilt. on this field, soldiers fought each other with axes and swords, their armor glinting in the light, their faces angry and majestic. there were flames and smoke in the distance.the storm swept across the field, blowing the flags and long hair of the soldiers who were attacking each other. the rain dampened their armour and weapons. some of the soldiers had fallen to the muddy ground.

从图像效果上来看，基本上达到了笔者心中构想的图像场景，在这个过程中，翻译软件起到了至关重要的作用。

第6章

掌握用 ControlNet 精准控制图像的核心

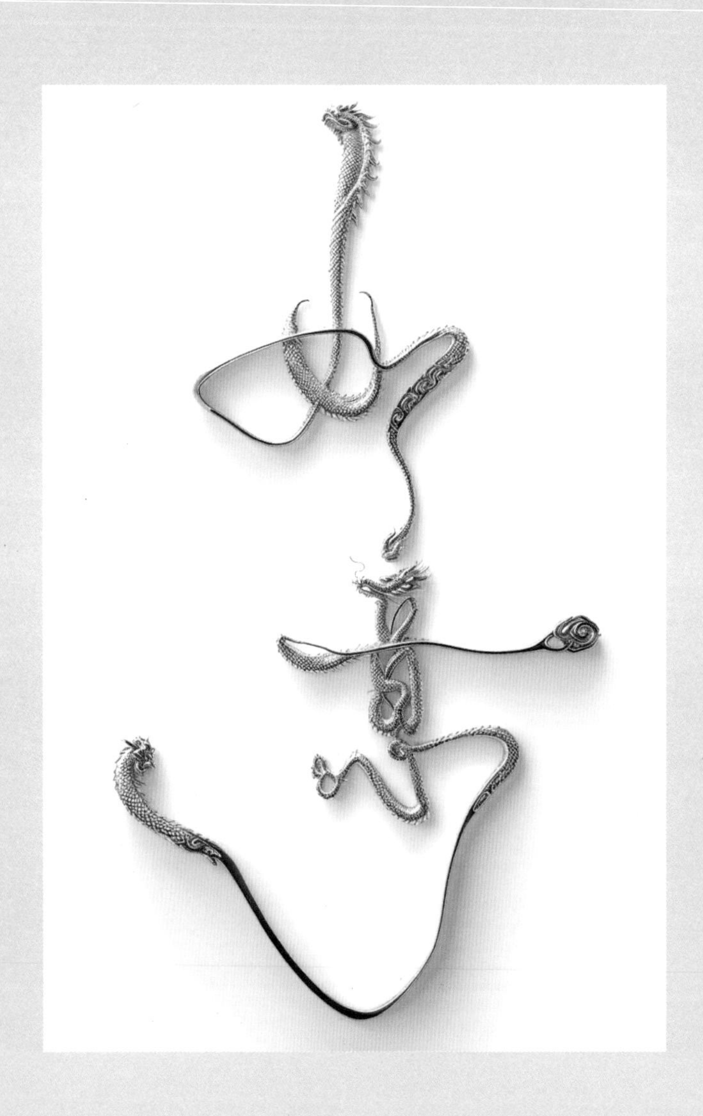

认识 ControlNet

ControlNet 是一款专为 SD 设计的插件，其核心在于采用了 Conditional Generative Adversarial Networks（条件生成对抗网络）技术为用户提供更为精细的图像生成控制，这意味着用户能够更加精准地调整和控制生成的图像，以达到理想的视觉效果。

在 ControlNet 出现之前，创作者在使用 SD 生成图像时，无法预知生成的图像内容。而随着 ControlNet 的出现，创作者得以通过其精准的控制功能，规范生成的图像的细节，如控制人物姿态，控制图片细节，等等。

因此，可以说 ControlNet 的出现，使 SD 成为 AI 图像生成领域的重要工具，为图像生成带来了更多的可控性、精确度，使 AI 图像具有了更广泛的商业应用前景。

安装方法

一般来说，如果使用的是秋叶整合包，ControlNet 的插件和模型应该已经内置安装好了，但如果采用的是手动安装，可以参考以下具体安装方法。

想正确使用 ControlNet 需要分别安装 ControlNet 插件和 ControlNet 模型，下面逐一进行介绍。

安装插件

首先是最简单的自动下载安装。WebUI 的扩展选项页已经集成了市面上大多数插件的安装链接，点击“扩展”选项，在扩展选项页面点击“可下载”选项，在可下载页面点击“加载扩展列表”按钮，在搜索框输入插件名称“sd-webui-controlnet”即可找到对应插件，最后点击右侧“安装”按钮即可完成安装，如下图所示。

其次是从 GitHub 网址进行安装。点击“扩展”选项，在扩展选项页面点击“从网址安装”选项，在扩展的 git 仓库网址文本输入框中输入 ControlNet 的插件包地址“https://github.com/Mikubill/sd-webui-controlnet”，点击“安装”按钮即可自动下载并安装好 ControlNet 插件。如下图所示。（读者可按照本书前言或封底提示信息下载本书涉及的模型与插件）

插件安装完成后，可以在“扩展”选项中的“已安装”页面查看和控制插件是否启用，插件必须勾选才会启用，每次修改后都需要点击应用并重新加载 WebUI 界面才会生效，如下图所示。

重新加载 WebUI 界面后，在文生图及图生图页面底部就可以找到 ControlNet 插件选项了，如下图所示。

安装模型

插件安装完成后，接下来还需要安装用于控制绘图的 ControlNet 模型。ControlNet 提供了多种不同的控图模型，完整模型大小在 1.4G 左右，半精度模型大小在 700M 左右，如下图所示。

ControlNet 模型下载请按前言或封底提示信息操作。

下载完模型后，将模型放在“sd-webui-aki-v4.4\models\ControlNet”文件夹中，这样和大模型、LoRA 模型等其他模型文件放在一起，以方便后期进行管理和维护。

在 ControlNet 升级至 V1.1 版本后，为了提升使用的便利性和管理的规范性，作者对所有的标准 ControlNet 模型按其命名规则进行了重命名。下面这张图详细讲解了模型名称包含的当前模型的版本、类型等信息。

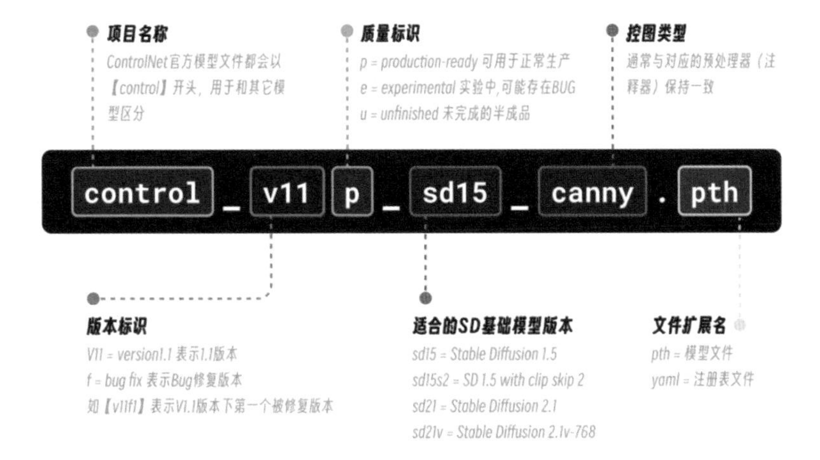

ControlNet 关键参数解析

启用选项

只有勾选了“启用”选项后，在点击“生成”按钮进行绘图时，ControlNet 模型的控图效果才能生效，一般上传图像后 ControlNet 会自动勾选上。如果设置了 ControlNet 插件后在绘图时没有生效，可能是因为这里的按钮之前取消后忘记勾选了。

如果使用白底黑线图片，请使用 "invert" 预处理器。
启用 低显存模式 完美像素模式 允许预览
控制类型
全部 Canny (硬边缘) Depth (深度) NormalMap (法线贴图) OpenPose (姿态) MLSD (直线)
Lineart (线稿) SoftEdge (软边缘) Scribble/Sketch (涂鸦/草图) Segmentation (语义分割)
Shuffle (随机洗牌) Tile/Blur 局部重绘 InstructP2P Reference (参考) Recolor (重上色)
Revision T2I-Adapter IP-Adapter

低显存模式

低显存模式是为显卡内存不到 8GB 或更小的用户定制的功能，开启后虽然整体绘图速度会变慢，但显卡支持的绘图上限将得到提升。如果显卡内存只有 4GB 或更小，建议勾选。

完美像素和预处理器分辨率

要理解“完美像素”选项，必须首先要理解 Preprocessor Resolution 预处理器分辨率，该项用于修改预处理器输出预览图的分辨率，当预处理检测图和最终图像尺寸不一致时会导致绘制图像受损，生成的图像效果会很差。

如果每次都通过手动设置“预处理器分辨率”会使操作非常复杂，而“完美像素模式”选项的作用就是解决此问题，当勾选“完美像素模式”后，“预处理器分辨率”选项会消失，此时预处理器就会自动适配最佳分辨率，以实现最佳的控图效果。

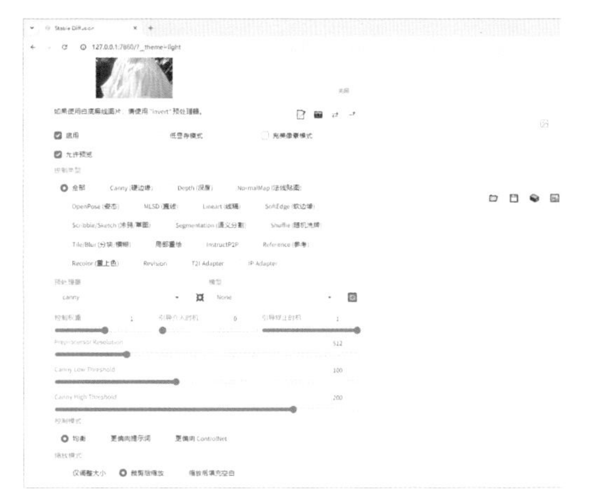

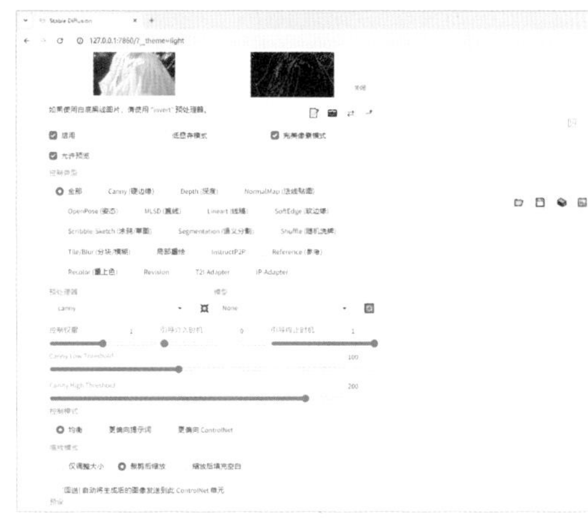

所以当使用 ControlNet 插件时，“完美像素模式”选项直接勾选即可。

预览窗口

“允许预览”选项同样是必选的功能项，开启预览窗口后才能看到预处理器执行后的预览图。

控制类型

控制类型用于选择不同的 ControlNet 模型，如下图所示。具体控制类型会在后面的内容中详细介绍。

虽然这些控制类型看上去不少，但实际上对于绝大多数创作者来说，常用的仅仅是一小部分，因此学习的难度也不算太大。

控制类型

全部 Canny (硬边缘) Depth (深度) NormalMap (法线贴图) OpenPose (姿态) MLSD (直线)
Lineart (线稿) SoftEdge (软边缘) Scribble/Sketch (涂鸦/草图) Segmentation (语义分割)
Shuffle (随机洗牌) Tile/Blur 局部重绘 InstructP2P Reference (参考) Recolor (重上色)
Revision T2I-Adapter IP-Adapter

预处理器 none

模型 None

控制权重

该参数用于设置 ControlNet 在绘图过程中的控制幅度，数值越大，则 ControlNet 对生成图像的控图效果越明显，换言之，SD 自由发挥的空间越小，下图左侧图是原图，右面 5 幅图分别是权重从 0 到 1.6 的生成图，可以看出，当权重上升时，生成的新图与参考图相似度不断升高。

引导介入 / 终止时机

该参数用于设置 ControlNet 在整个迭代步数中作用的开始步数和结束步数。例如，如果整个迭代步数为 30 步，设置 ControlNet 的控图引导介入时机为 0.1，引导终止时机为 0.9，则表示 ControlNet 的控图引导从第 3 步开始，到 27 步结束。

如果要利用 ControlNet 严格控制形状，可以将引导介入时机设置为 0，终止时机设置为 1，否则可以设置一个其他数值，以便于 SD 有自由发挥的空间。下图展示的是笔者生成的不同介入时机与终止时机的关系图，可以看出，针对此例，介入时机为 0.1，终止时机 0.7 效果较好。

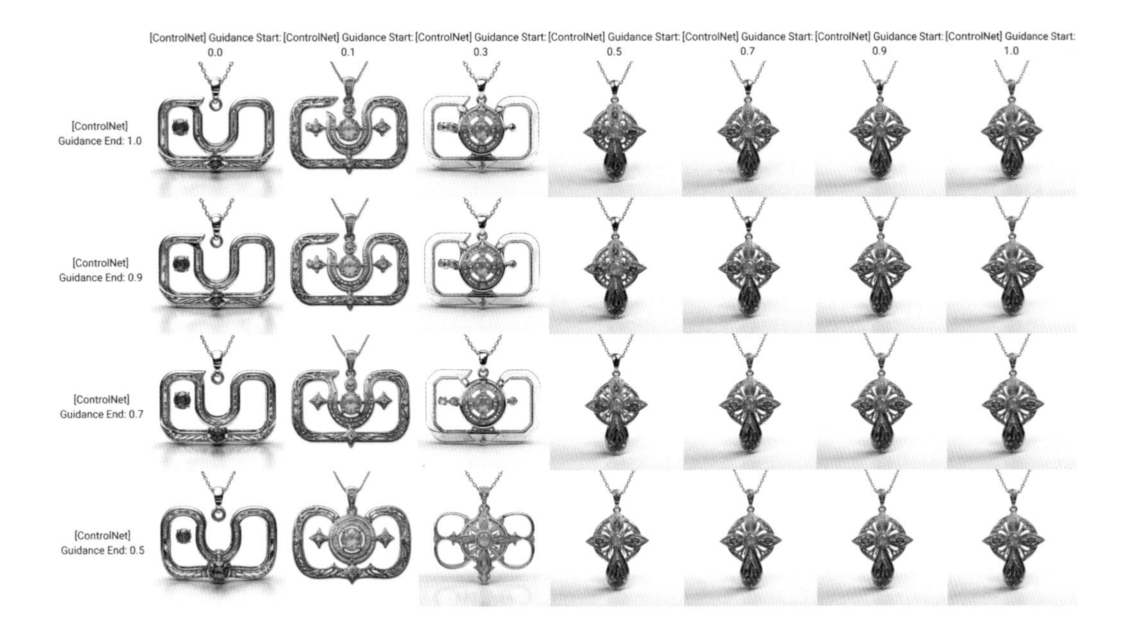

控制模式

此处的各个选项用于切换ControlNet和提示词对绘图结果的影响程度，默认使用“平衡”即可。如果选择“更偏向提示词”，则ControlNet的控图效果会被削弱；选择“更偏向ControlNet”，则ControlNet的控图效果会被加强。

左下图左侧是原图，右面3幅图从左到右分别是平衡、偏向提示词和偏向ControNet模式下的生成图。

缩放模式

缩放模式用于切换图像尺寸不一致时的处理，和图生图中的图像处理模式功能相同，参考图和生成图比例不一致时，提供了“仅调整大小”“裁剪后缩放”和“缩放后填充空白 ”三种处理方式。

下图左侧是原图，右面 3 幅图从左到右分别是“仅调整大小”“裁剪后缩放”“缩放后填充空白 ”三种模式生成图。

总结来说，“仅调整大小”是将图片按非等比方式压缩尺寸，“裁剪后缩放”是将新图片按固定的尺寸裁剪，因此会导致图像景别发生变化，“缩放后填充空白”是先把图片内容拉伸，然后再填充空白的部分。

回送和预设

回送开启后会自动将生成的图片回传到 ControlNet 中，用于迭代更新，一般没有特殊要求不会开启。预设就是将设置好的 ControlNet 参数保存为预设，下次使用时选择预设项，即可自动设置好相关参数。

ControlNet 控制类型详解

Canny（硬边缘）

Canny （硬边缘）模型的使用范围很广，被开发者誉为最重要的 ControlNet 之一，该模型源自图像处理领域的边缘检测算法，可很好地识别出图像的边缘轮廓，并利用此信息控制新图像。

例如，可以用 Canny 提取出画面中元素边缘的线稿，再通过配合不同的模型，精准还原画面中的内容布局进行绘图。下面展示的是通过 Canny 将真人图片的线稿提取出来，再利用二次元模型实现真人转动漫的效果。

在选择预处理器时，除了 canny（硬边缘检测）还有 invert（对白色背景黑色线条图像反相处理）预处理器选项，它的功能不是提取图像的边缘特征，而是将线稿的颜色进行反转。

通过 Canny 等线稿类的模型处理图像时，SD 将白色线条识别为控制线条。

但有时创作者使用的线稿可能是白底黑线，此时，就需要将两者进行颜色转换，如使用 Photoshop 等软件进行转换处理，然后将转换后的图像导出为新的图像文件，重新上传到 SD 中，可见此步骤非常烦琐。

而 ControlNet 中的 invert 预处理器则省掉了这一烦琐的步骤，可以轻松实现将白底黑线手绘线稿转换成 SD 可正确使用的白线黑底预处理线稿图，如下图所示。

invert 预处理器并不是 Canny 控制类型独有的，它可以配合大部分线稿模型使用，在最新版的 ControlNet 中，当选择 MLSD 直线、Lineart 线稿等控制类型时，在预处理器中都能看到 invert 选项，因为用法是一样的，下文将不再赘述。

当选择 canny（硬边缘检测）时，在控制权重下方会多出 Canny Low Threshold （低阈值）和 Canny High Threshold （高阈值）2 个参数，如下图所示。

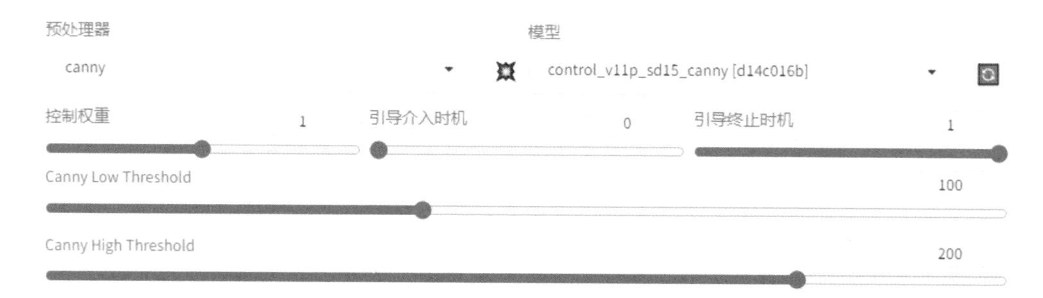

阈值参数控制的是图像边缘线条被识别的区间范围，以控制预处理时提取线稿的复杂程度，两者的数值范围都限制在 1~255 之间，简单来说，数值越低预处理生成的图像线条越复杂，数值越高，图像线条越简单。

从算法来看，一般的边缘检测算法用一个阈值来滤除噪声或颜色变化引起的小的灰度梯度值，而保留大的灰度梯度值。Canny 算法应用双阈值，即一个高阈值和一个低阈值来区分边缘像素。

如果边缘像素点色值大于高阈值，则被认为是强边缘像素点会被保留。

如果小于高阈值，大于低阈值，则标记为弱边缘像素点。

如果小于低阈值，则被认为是非边缘像素点，SD 会消除这些点。

对于弱边缘像素点，如果彼此相连接，则同样会被保存下来。

所以，如果将这两个数值均设置为 1，可以得到图像中所有边缘的像素点，而如果将这两个数值均设置为 255，则可以得到图像中最主要、最明显的轮廓线条。

创作者要做的是根据自己需要的效果，动态调整这两个数值，以得到最合适的线稿。

因为不同复杂程度的预处理线稿图会对绘图结果产生不同的影响，复杂度过高会导致绘图结果中出现分割零碎的斑块，但如果复杂度太低又会造成 ControlNet 控图效果不够准确，因此需要调节阈值参数来达到比较合适的线稿控制范围，以下为复杂度由低到高生成的图片。

MLSD（直线）

MLSD（直线）模型可提取画面中的直线边缘，界面如下图所示。

全部　Canny (硬边缘)　Depth (深度)　NormalMap (法线贴图)　OpenPose (姿态)　MLSD (直线)
Lineart (线稿)　SoftEdge (软边缘)　Scribble/Sketch (涂鸦/草图)　Segmentation (语义分割)
Shuffle (随机洗牌)　Tile/Blur　局部重绘　InstructP2P　Reference (参考)　Recolor (重上色)
无
✓ mlsd (M-LSD 直线线条检测)
invert (对白色背景黑色线条图像反相处理)
mlsd　　模型　control_v11p_sd15_mlsd_fp16 [77b5ad24]

下面展示的是参考图像，以及使用 mlsd（M-LSD 直线线条检测）预处理后的效果，可以看出，SD 只会保留画面中的直线轮廓，而忽略曲线特征。

因此，MLSD 多用于提取物体的线型几何边界，最典型的就是几何建筑、室内设计、路桥设计等领域，如下图所示。

MLSD 预处理器同样也有自己的定制参数，分别是 MLSD Value Threshold 强度阈值和 MLSD Distance Threshold 长度阈值，数值范围分别在 0~2 和 0~20 之间。

MLSD Value Threshold 强度阈值用于筛选线稿的直线强度，简单来说，就是过滤掉其他没那么直的线条，只保留最直的线条。通过下图我们可以看到随着 Value 阈值的增大，被过滤掉的线条也就越多，最终图像中的线稿逐渐减少。

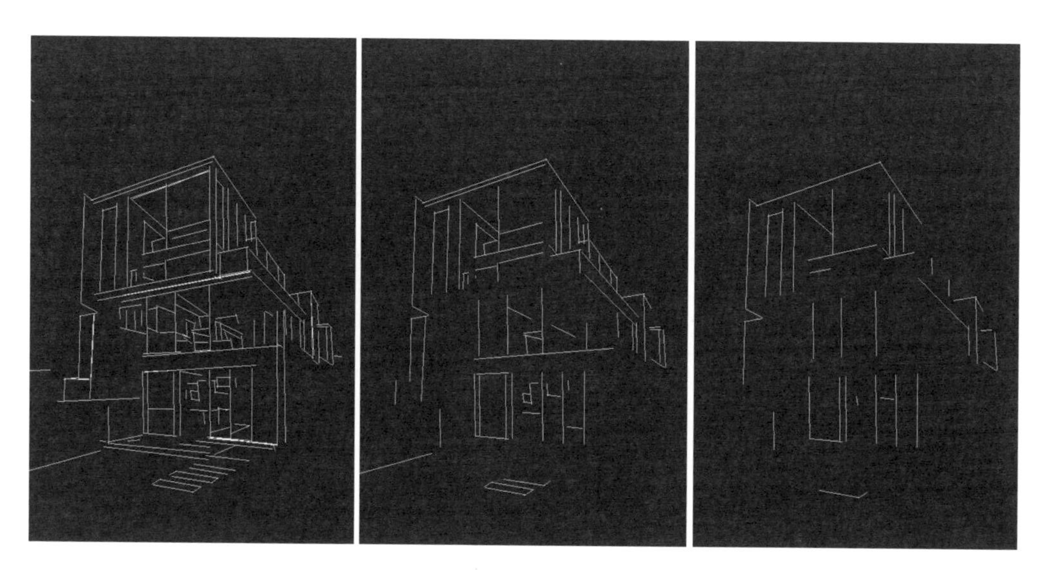

MLSD Distance Threshold 长度阈值则用于筛选线条的长度，即过短的直线会被筛选掉。在画面中有些被识别到的短直线不仅对内容布局和分析没有太大帮助，还可能对最终画面造成干扰，通过长度阈值可以有效过滤掉它们，在下图中可以看到，在极值情况下会有少部分线条被过滤掉。

MLSD的使用不仅仅局限在建筑物的外形，利用它控制室内设计出图也有不错的效果，比如新房子的毛坯图再配合提示词和室内设计风格模型来生成图像，让毛坯秒变精装，不用学专业软件，在家就能设计新房子，以下是基本流程。

（1）准备一张房子的毛坯图，上传到ControlNet插件中，选择控制类型为“MLSD（直线）”，调整“引导介入时机”和“引导终止时机”，这一步是为了让家具能添加到图中，调整“MLSD Value Threshold”强度阈值，过滤掉没用的线条，其他参数默认不变，最后点击 ¤ 按钮，生成预览结果，如下图所示。

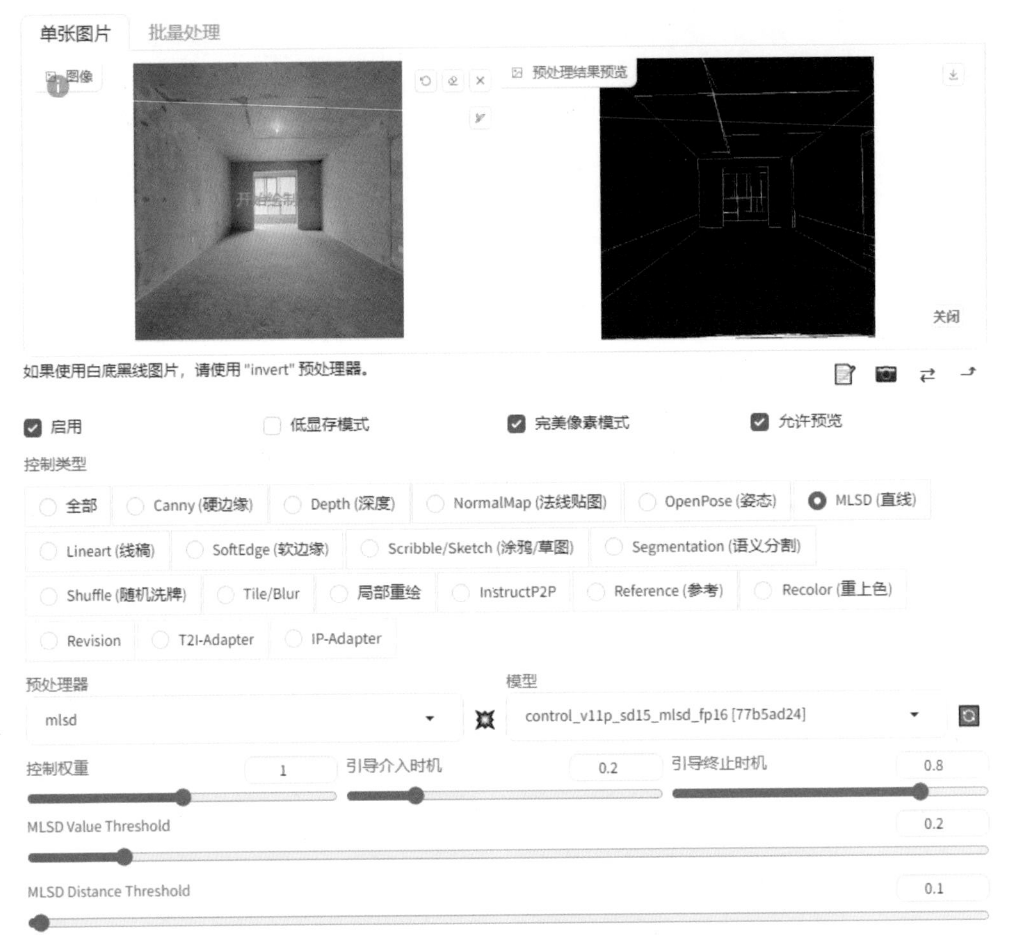

（2）选择一个室内设计风格的模型，这里选择的是“室内现代风格大模型（精）_2.0.safetensors”，再在提示词框中输入室内想要出现的东西，这里输入的提示词为“floor,high resolution,modern style,(window:1.3),tv cabinet,(couch:1.5),ceiling lamp,(big tv:1.3),A set of sofas,A coffee table,”，根据个人喜好添加提示词即可，参数设置根据实际操作调整即可，如下图所示。

（3）点击“生成”按钮，毛坯房就变成了精装的房子，如下图所示。如果对装修风格不满意，或者想要调整家具位置，在提示词中修改即可。

Lineart（线稿）

Lineart 同样也是对图像边缘线稿的提取，但它的使用场景会更加细分，包括 Realistic 真实系和 Anime 动漫系 2 个方向。

在 ControlNet 插件中，将 lineart 和 lineart_anime 两种控图模型都放在“Lineart（线稿）”控制类型下，它们分别用于写实类和动漫类图像边缘提取，配套的预处理器也有 5 个之多，其中带有 anime 字段的预处理器用于动漫类图像特征提取，其他的则用于写实图像。

和 Canny 控制类型不同的是，Canny 提取后的线稿类似电脑绘制的硬直线，粗细统一都是 1 像素，而 Lineart 则有的明显笔触痕迹线稿，更像是现实的手绘稿，可以明显观察到不同边缘下的粗细过渡，例如下面中间的预览图为 canny 生成，右下图为 lineart 生成。

虽然 Lineart 划分成了两种风格类型，但并不意味着它们不能混用，实际操作时可以根据效果需求，自由选择不同的绘图类型处理器和模型。

下图中为大家展示了不同预处理器对写实类照片上的处理效果，可以发现，后面三种针对真实系图片使用的预处理器 coarse、realistic、standard 提取的线稿更为还原，在检测时会保留较多的边缘细节，因此控图效果会更加显著，而 anime、anime_denoise 这两种动漫类对写实类照片提取效果并不好，所以具体效果在不同场景下各有优劣，具体使用哪一种要根据实际情况尝试决定。

为方便对比模型的控图效果，分别使用 lineart 和 lineart_anime 模型进行绘制，可以发现，lineart_anime 模型在参与绘制时会有更加明显的轮廓线，这种处理方式在二次元动漫中非常常见，传统手绘中描边可以有效增强画面内容的边界感，对色彩完成度的要求不高，因此轮廓描边可以替代很多需要色彩来表现的内容，并逐渐演变为动漫的特定风格。

可以看出，lineart_anime 相比 lineart 确实更适合在绘制动漫系图像时使用，中间下方的图为 lineart 模型生图，右下图为 lineart_anime 模型生成的图像。

SoftEdge（软边缘）

SoftEdge 是一种比较特殊的边缘线稿提取模型，其界面如下图所示。

全部 Canny (硬边缘) Depth (深度) NormalMap (法线贴图) OpenPose (姿态) MLSD (直线)
Lineart (线稿) SoftEdge (软边缘) Scribble/Sketch (涂鸦/草图) Segmentation (语义分割)
无
softedge_hed (软边缘检测 - HED)
SoftEdge_HEDSafe (软边缘检测 - 保守 HED 算法)
✓ SoftEdge_PiDiNet (软边缘检测 - PiDiNet 算法)
SoftEdge_PiDiNetSafe (软边缘检测 - 保守 PiDiNet 算法)
InstructP2P Reference (参考) Recolor (重上色)
模型
softedge_pidinet
control_v11p_sd15_softedge_fp16 [f616a34f]

它的特点是可以获得有模糊效果的边缘线条，因此生成的画面看起来会更加柔和，且过渡非常自然。

左下图为原图，中间图像为使用此模型得到的线条预处理图像，右下图为使用此预处理图像得到二次元风格图像。

SoftEdge 提供了四种不同的预处理器，分别是 HED、HEDSafe、PiDiNet 和 PiDiNetSafe。在官方介绍的性能对比中，模型稳定性排名为 PiDiNetSafe > HEDSafe > PiDiNet > HED，而最高结果质量排名 HED > PiDiNet > HEDSafe > PiDiNetSafe。

综合考虑各因素，可以将 PiDiNet 设置为默认预处理器，以保证在大多数情况下都能表现良好。在下图中我们可以看到四种预处理器的实际检测图对比。

如果不做细节对比，使用不同预处理器没有太大差异，正常情况下使用默认的 PiDiNet 即可。

Scribble（涂鸦）

Scribble 涂鸦，也称为 Sketch 草图，也是一种边缘线稿提取模型，其界面如下图所示。

与前面所学习过的各种线稿提取模型不同，涂鸦模型是一款手绘风格效果的控图类型，检测生成的预处理图更像是蜡笔涂鸦的线稿，由于线条较粗、精确度较低，因此适合于生成不需要精确控制细节，只需要大致轮廓与参考原图差不多，在细节上需要 SD 自由发挥的场景。

例如，针对左下参考原图，使用此模型生成的线稿预处理图像如中间图像所示，而右下图则为使用此线稿得到的二次元风格图像，可以看出，整体外形类似，但细节上与原图有明显区别。

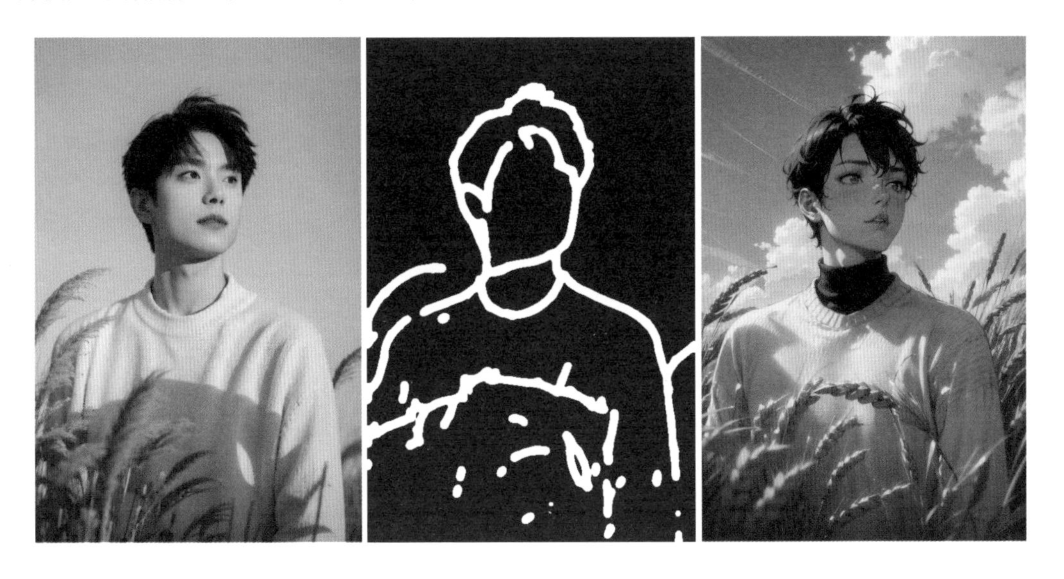

Scribble 中也提供了四种不同的预处理器可供选择，分别是 HED、PiDiNet、XDoG 和 T2ia_sketch_pidi。

通过下图我们可以看到不同 Scri4ble 预处理器的图像效果，由于 HED、PiDiNet 和 T2ia_sketch_pidi 是神经网络算法，而 XDoG 是经典算法，因此，前面三个处理器检测得到的轮廓线更粗，更符合涂鸦的手绘效果。

选择不同预处理器的实际出图效果如下图所示，可以发现，这几种预处理器基本都能保持较好的线稿控制。

Seg（语义分割）

Segmentation 的完整名称是 Semantic Segmentation 语义分割，很多时候简称为 Seg，其工作界面如下图所示。

控制类型

全部　Canny (硬边缘)　Depth (深度)　NormalMap (法线贴图)　OpenPose (姿态)　MLSD (直线)

Lineart (线稿)　SoftEdge (软边缘)　Scribble/Sketch (涂鸦/草图)　Segmentation (语义分割)

无

seg_anime_face

✓ seg_ofade20k (语义分割 - OneFormer 算法 - ADE20k 协议)

seg_ofcoco (语义分割 - OneFormer 算法 - COCO 协议)

seg_ufade20k (语义分割 - UniFormer 算法 - ADE20k 协议)

InstructP2P　Reference (参考)　Recolor (重上色)

seg_ofade20k

模型

control_v11p_sd15_seg_fp16 [ab613144]

控制权重　1　引导介入时机　0　引导终止时机　1

此模型的作用是，检测内容轮廓的同时，将画面划分为不同区块，并对区块赋予语义标注，从而实现更加精准的控图效果。

例如，左下图为原图，中间的图像为使用此模型生成语义分割图，右下图为使用此图像生成的二次元风格图像。

这个模型的原理是，当 Seg 预处理器检测图像后，会生成包含不同颜色的蒙版图，图中不同的颜色对应原图中不同的对象，比如人物被标注为红色、屋檐是绿色、指示牌是粉红色、路灯是蓝色等，在生成图像时，SD 会在对应色块范围内生成特定对象，从而实现更加准确的内容还原。

其工作原理类似于创作者同时叠加使用了许多个精确蒙版，利用不同的蒙版控制新的生成图像中每种对象生成的位置与形状。

下面是一个具体的语义分割颜色与对象对应关系图表，当创作者找到标准的颜色对应关系图表后，可以在其他图像处理软件中，依靠手工修改语义分割图中的色块位置、大小、形状的方式，来控制新生成图像的内容。

Color_Code (R,G,B)	Color_Code(hex)	Color	Name
(120, 120, 120)	#787878		墙
(180, 120, 120)	#B47878		建筑；大厦
(6, 230, 230)	#06E6E6		天空
(80, 50, 50)	#503232		地板
(4, 200, 3)	#04C803		树
(120, 120, 80)	#787850		天花板
(140, 140, 140)	#8C8C8C		道路；路线
(204, 5, 255)	#CC05FF		床
(230, 230, 230)	#E6E6E6		窗户
(4, 250, 7)	#04FA07		草
(224, 5, 255)	#E005FF		柜子
(235, 255, 7)	#EBFF07		人行道
(150, 5, 61)	#96053D		人

Seg 也提供了三种预处理器可供选择：OneFormer ADE20k、OneFormer COCO、UniFormer-ADE20k。

ADE20k 和 COCO 代表模型训练时使用的两种图片数据库，而 OneFormer 和 UniFormer 表示的是算法，各处理器依次生成的预览图如下图所示。

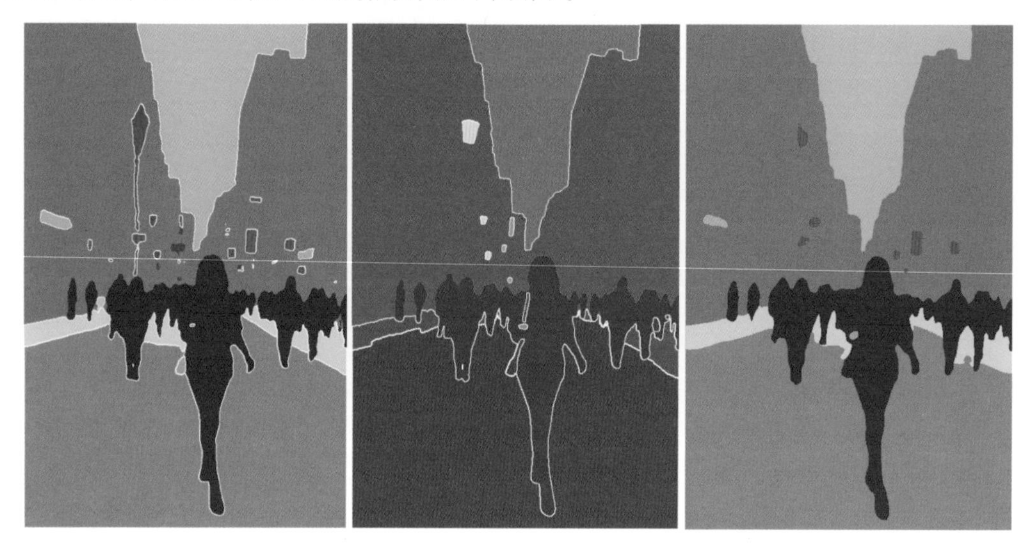

其中 UniFormer 是旧算法，但由于实际表现还不错，依旧被作者作为备选项保留下来，新算法 OneFormer 经过作者团队的训练可以很好地适配各种生产环境，元素间依赖关系被很好地优化，平时使用时建议使用默认的 OneFormer ADE20k 即可。

使用各预处理器生成的图片如下图所示，可以看出，实际区别并不十分明显。

Depth（深度）

这是一种很常用的控制模型，用于依据参考图像生成深度图，其工作界面如下图所示。

控制类型
全部　Canny (硬边缘)　Depth (深度)　NormalMap (法线贴图)　OpenPose (姿态)　MLSD (直线)
Lineart (线稿)　SoftEdge (软边缘)　Scribble/Sketch (涂鸦/草图)　Segmentation (语义分割)
无　InstructP2P　Reference (参考)　Recolor (重上色)
depth_leres (LeReS 深度图估算)
depth_leres++ (LeReS 深度图估算++)
✓ depth_midas (MiDaS 深度图估算)
depth_zoe (ZoE 深度图估算)
模型
depth_midas　control_v11f1p_sd15_depth_fp16 [4b72d323]
控制权重 1　引导介入时机 0　引导终止时机 1

深度图也被称为距离影像，可以直接体现画面中物体的三维深度关系，在深度图图像中只有黑白两种颜色，距离镜头越近则颜色越浅（白色），距离镜头越远则颜色越深（黑色）。

注意，并不是原参考图像中越亮越白的图像才距离镜头越近，这一点与创作者的直观印象是有区别的。

Depth 模型提取原图像中各元素的三维深度关系后，生成深度图，此时，创作者就可以依据深度图来控制新生成的图像，使其三维空间关系与原图像相仿。

左下图为参考原图，中间的图像为深度图，右下图为依据此深度图生成的新图像，可以看到，通过深度图很好地还原了室内的空间景深关系。

Depth 的预处理器有四种：LeReS、LeReS++、MiDaS、ZoE，对比来看，LeReS 和 LeReS++ 的深度图细节提取的层次比较丰富，但 LeReS++ 效果更好，更胜一筹。

而 MiDaS 和 ZoE 更适合处理复杂场景，其中 ZoE 的参数量是最多的，所以处理速度比较慢，实际效果上更倾向于强化前后景深对比。下图中可以看到这四种预处理器的检测效果。

根据预处理器算法的不同，Depth 在最终成像上也有差异，实际使用时可以根据预处理的深度图来判断哪种深度关系呈现更加合适。

Depth 不只是能用在还原场景中的景深关系的作图中，还能在产品的形状设计、艺术字体设计等操作中发挥重要作用。下面以珠宝项链外形设计为例进行讲解。

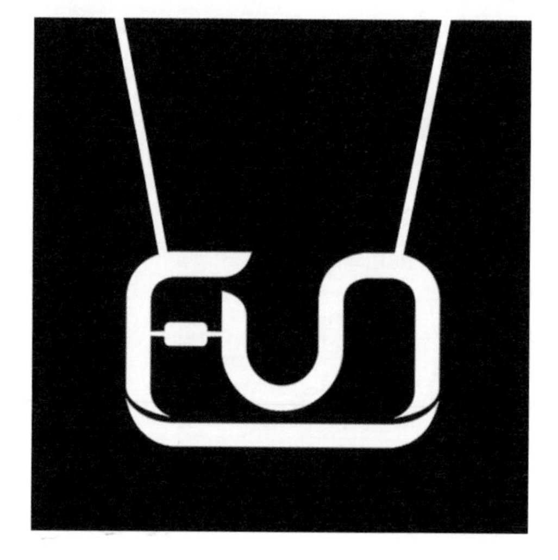

（1）准备一张项链外形的素材图上传到 ControlNet 插件中，选择控制类型为“Depth（深度）”，预处理器选择“none”，模型选择“control_v11f1p_sd15_depth_fp16”，这里只想用 Depth 的模型把项链的外形选出来，调整“控制权重”“引导介入时机”和“引导终止时机”，这里让 AI 有自我发挥的空间，在原来的外形上有一些小的改变，其他参数默认不变，最后

点击 ¤ 按钮，生成预览结果，如下图所示。

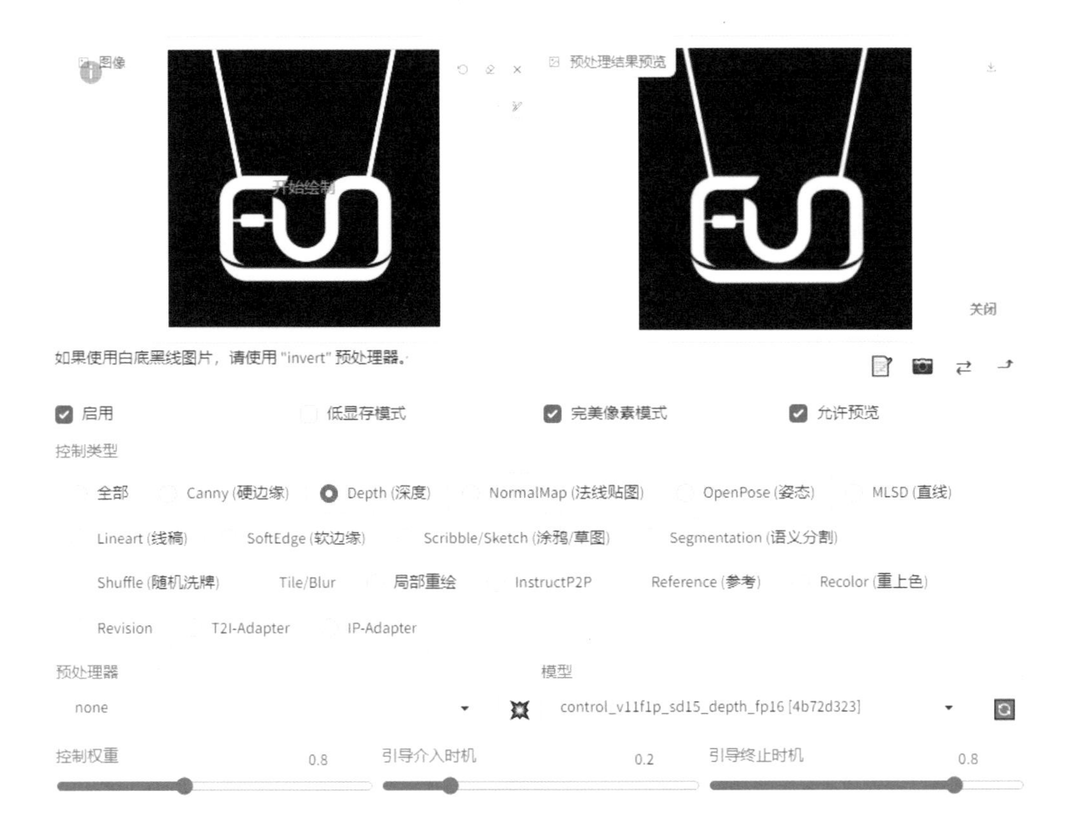

（2）选择一个真实感的大模型，这里选择的是“majicmixRealistic_v7.safetensors”，添加一个珠宝类型的LoRA，这里选择的是“lora:hjyzb-000013”，再在提示词框中输入对项链的描述，这里输入的提示词为“(jewelry Diamond),UHD,8K,best quality,4K,UHD,masterpiece,aiguillette,shining jade,gold,simple background,Emerald gemstones,shining body,(ruby),Cartier style,Luxury,<lora:hjyzb-000013:1>,red gemstone,gold,pendant with long chain,white background,(sliver:1.3),ruby,lotus,minimalist,(The shape of a Chinese dragon:1.1),Luxury,round clock,”，提示词根据个人喜好添加即可，参数设置根据实际操作调整即可，如下图所示。

（3）点击“生成”按钮，一款和素材图外形一样的项链图片就生成了，如下图所示。如果想更换产品或风格，只需更换上传的素材图和LoRA类型即可，提示词根据情况修改即可。

NormalMap（法线贴图）

NormalMap 法线贴图，其工作界面如下图所示。

控制类型

全部　Canny (硬边缘)　Depth (深度)　NormalMap (法线贴图)　OpenPose (姿态)　MLSD (直线)

Lineart (线稿)　SoftEdge (软边缘)　Scribble/Sketch (涂鸦/草图)　Segmentation (语义分割)

Shuffle (随机洗牌)　Tile/Blur　局部重绘　InstructP2P　Reference (参考)　Recolor (重上色)

无

✓ normal_bae (Bae 法线贴图提取)

normal_midas (Midas 法线贴图提取)

normal_bae　　模型　control_v11p_sd15_normalbae_fp16 [592a19d8]

要想理解 NormalMap 的工作原理，需要先掌握法线的概念。

法线是垂直于平面的一条向量线条，因此储存了该平面方向和角度等信息。通过在物体凹凸表面的每个点上均绘制法线，再将其储存到 RGB 的颜色通道中，其中 R 红色、G 绿色、B 蓝色分别对应了三维场景中 XYZ 空间坐标系，这样就能实现通过颜色来反映物体表面的光影效果，而由此得到的纹理图我们将其称为法线贴图。

法线贴图可以实现在不改变物体真实结构的基础上，反映物体光影分布的效果，因此被广泛应用在 CG 动画渲染和游戏制作等领域。

ControlNet 中的 NormalMap 模型就是根据画面中的光影信息，从而模拟出物体表面的凹凸细节，实现准确还原画面内容布局，因此 NormalMap 多用于体现物体表面更加真实的光影细节。下图案例中可以看到使用 NormalMap 模型绘图后，画面的光影效果有了显著提升。

NormalMap 法线贴图有 Bae 和 Midas2 种预处理器，MiDaS 是早期 v1.0 版本使用的预处理器，后面不会再更新了，平时使用默认新的 Bae 预处理器即可，下图是两种预处理器的提取结果。

当选择 MiDaS 预处理器时，下方会多出 Normal Background Threshold 背景阈值的参数项，它的数值范围在 0~1 之间。通过设置背景阈值参数可以过滤掉画面中距离镜头较远的元素，让画面着重体现关键主题。在下图中可以看到，随着背景阈值数值增大，前景的细节体现保持不变，但背景内容逐渐被过滤掉。

OpenPose（姿态控制）

OpenPose 是重要的控制人像姿势模型，其工作界面如下图所示。

控制类型

无
animal_openpose
dw_openpose_full (二阶蒸馏 - 全身姿态估计)
openpose (OpenPose 姿态)
openpose_face (OpenPose 姿态及脸部)
openpose_faceonly (OpenPose 仅脸部)
✓ openpose_full (OpenPose 姿态、手部及脸部)
openpose_hand (OpenPose 姿态及手部)

ormalMap (法线贴图)　OpenPose (姿态)　MLSD (直线)
etch (涂鸦/草图)　Segmentation (语义分割)
InstructP2P　Reference (参考)　Recolor (重上色)

openpose_full　模型　control_v11p_sd15_openpose [cab727d4]

控制权重 1　引导介入时机 0　引导终止时机 1

OpenPose 可以检测到人体结构的关键点，比如头部、肩膀、手肘、膝盖等位置，而将人物的服饰、发型、背景等细节元素忽略掉。左下为原图，中间为使用此模型生成骨骼图，右侧为依据此骨骼图生成的新图。

在 OpenPose 中内置了 openpose、face、faceonly、full、hand 这五种预处理器，它们分别用于检测五官、四肢、手部等人体结构。

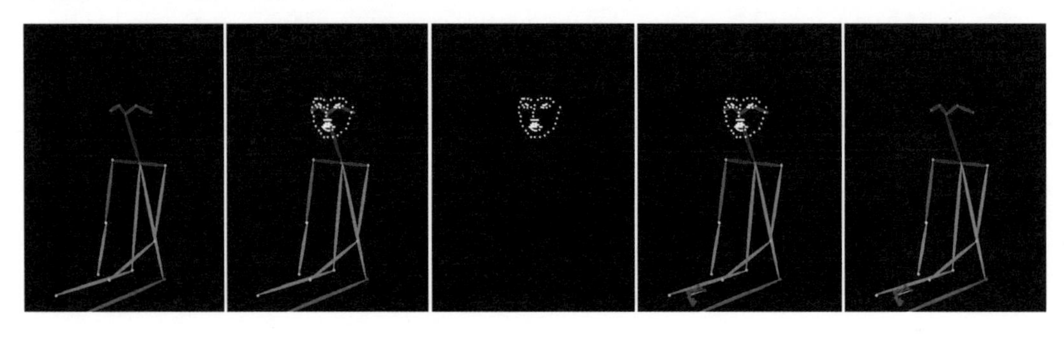

openpose 是最基础的预处理器，可以检测到人体大部分关键点，并通过不同颜色的线条连接起来。

face 在 openpose 基础上强化了对人脸的识别，除了基础的面部朝向，还能识别眼睛、鼻子、嘴巴等五官和脸部轮廓，因此 face 在人物表情上可以很好地实现还原。

faceonly 只针对处理面部的轮廓点信息，适合只刻画脸部细节的场景。

hand 在 openpose 基础上增加了手部结构的刻画，可以很好地解决常见的手部变形问题。

full 是将以上所有预处理的功能集合在了一起，将人物的所有细节都刻画出来，可以说是功能最全面的预处理器。平时使用时建议直接选择包含了全部关键点检测的 full 预处理器。

当上传图像并使用预处理器获得骨骼图后，可以点击预浏图右下角的“编辑”在如左下图所示的姿势编辑界面，改变骨骼图，并点击“发送姿势到 ControlNet”按钮，按新的摆姿生成新图像，如右下图所示。

Tile（分块渲染处理）

此模型的作用是对图像进行分区处理，工作界面如下图所示。

控制类型

全部　Canny (硬边缘)　Depth (深度)　NormalMap (法线贴图)　OpenPose (姿态)　MLSD (直线)

Lineart (线稿)　SoftEdge (软边缘)　Scribble/Sketch (涂鸦/草图)　Segmentation (语义分割)

无

blur_gaussian

tile_colorfix (分块 - 固定颜色)

tile_colorfix+sharp (分块 - 固定颜色 + 锐化)

✓ tile_resample (分块 - 重采样)

InstructP2P　Reference (参考)　Recolor (重上色)

tile_resample

模型

control_v11f1e_sd15_tile [a371b31b]

Tile 模型被广泛用于图像细节修复和高清放大，例如，如果在“图生图”增大重绘幅度可以明显提升画面细节，但较高的重绘幅度会使画面内容发生难以预料的变化，此时，可以使用 Tile 模型进行控图，完美地解决这个问题，因为 Tile 模型的最大特点就是，在优化图像细节的同时不会影响画面结构。理论上说，只要分的块足够多，配合 Tile 便可以绘制任意尺寸的超大图。

下图是在除了分辨率，其他参数不变的情况下，使用 Tile 模型，分别将图像的分辨率提升至 256×384、512×768、1024×1536 的效果，可以明显看出来，随着图像分辨率提升，图像的细节也明显增加了。

Tile 模型提供了三种预处理器，即 colorfix、colorfix+sharp、resample，分别表示固定颜色、固定颜色 + 锐化、重新采样。

下图中可以看到三种预处理器的绘图效果，相较之下默认的 resample 在绘制时会提供更多发挥空间，内容上和原图差异会更大。

[ControlNet] Preprocessor: tile_colorfix

[ControlNet] Preprocessor: tile_colorfix+sharp

[ControlNet] Preprocessor: tile_resample

如果上传的是一张有些模糊的图片，还可以使用此模型使图像在放大的同时更清晰一些，如右侧展示的两张图中，左边为原图，右边为使用此模型放大后的效果图。

Recolor（重上色）

Recolor 模型的作用是给图片填充颜色，工作界面如下图所示。

控制类型

全部　Canny (硬边缘)　Depth (深度)　NormalMap (法线贴图)　OpenPose (姿态)　MLSD (直线)

Lineart (线稿)　SoftEdge (软边缘)　Scribble/Sketch (涂鸦/草图)　Segmentation (语义分割)

Shuffle (随机洗牌)　Tile/Blur　局部重绘　InstructP2P　Reference (参考)　Recolor (重上色)

无

recolor_intensity (重上色 - 调节 "图像强度" 以去色)

✓ recolor_luminance (重上色 - 调节 "图像亮度" 以去色)

recolor_luminance　　模型　None

Recolor 提供了 intensity 和 luminance 两种预处理器，通常推荐使用 luminance，预处理的效果会更好。

左下图为原图，中间为使用 intensity 预处理器得到的图，右下角为使用 luminance 预处理器得到的图。

在选择 Recolor 预处理器后，下方会出现 Gamma Correction 伽马修正参数，用于调整预处理时检测的图像亮度，下图中可以看到数值分别为 0、0.5、1、1.5，逐渐增大，预处理后的图像也在逐渐变暗。

Recolor 经常被用于给老照片上色，可以使老旧照片重新焕发光彩，操作步骤如下。

此模型非常适合修复一些黑白老旧照片，但 Recolor 无法保证颜色准确出现在特定位置上，可能会出现相互污染的情况，因此实际使用时还需配合提示词语法进行调整，下面讲解操作方法。

（1）准备一张老照片的图片，上传到 ControlNet 插件中，选择控制类型为 Recolor，其他参数默认不变，最后点击 ¤ 按钮，生成预览结果，如下图所示。

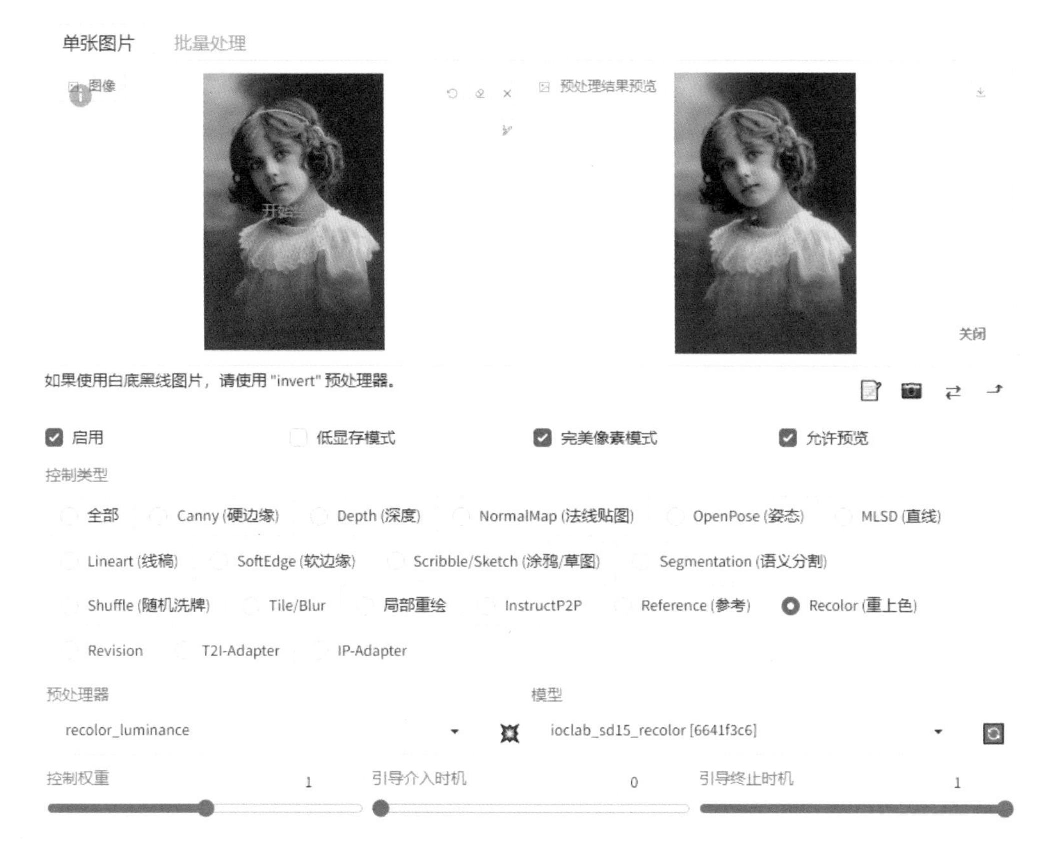

（2）选择一个真实感的模型，这里选择的是 majicmixRealistic_v7.safetensors，再在提示词框中输入对老照片的描述，如头发、衣服的颜色等，这里输入的提示词为“1girl,solo,realistic,short hair,upper body,curly hair,looking at viewer,lips,closed mouth,pink_scrunchie,brown hair,white dress,blue eyes,”，提示词根据照片实际情况填写即可，参数设置根据实际操作调整即可，如下图所示。

（3）点击“生成”按钮，一张老照片就变成了彩色照片，如下图所示。

不仅是老照片，只要是黑白或单色的图片，都可以通过添加合理的提示词及模型完成上色。如下图所示。

光影控制

光影控制模型由于不是 Controlnet 开发者开发的模型，因此在安装完 SD 后，需要按本书前言或封底提示信息操作下载安装。

下载模型文件，并将文件拷贝至 Controlnet 文件中，再重启 SD，其工作界面如下图所示。

控制类型

全部　Canny (硬边缘)　Depth (深度)　NormalMap (法线贴图)　OpenPose (姿态)　MLSD (直线)

Lineart (线稿)　SoftEdge (软边缘)　Scribble/Sketch (涂鸦/草图)　Segmentation (语义分割)

Shuffle (随机洗牌)　Tile/Blur　局部重绘　InstructP2P　Reference (参考)　Recolor (重上色)

Revision　T2I-Adapter　IP-Adapter

预处理器　none

模型　control_v1p_sd15_brightness [5f6aa6ed]

与其他模型不同，“光影控制”模型并不是以复选项的形式出现在 SD 的工作界面中的，而且也没有预处理器。

当创作者在“控制类型”中选择“全部”，然后在“模型”下拉列表框中才可选择名称分别是 control v1p sd15_brightness 与 control v1p sd15 illumination 的模型。

两个模型相比较来看，control_v1p_sd15_brightness 生成的图像比较柔和自然，control_v1p_sd15_illumination 生成的图像光线感强，较明亮，所以 control_v1p_sd15_brightness 普遍使用较多。

光影控制的用法多种多样，比较受欢迎的是利用光影控制将图片或文字融合在图片中，效果非常引人注目。下面以将文字融合在图片中为例来讲解操作步骤。

（1）准备一张黑底白字的文字图片，在此笔者使用的是“好机友”三个竖排文字。将此图片上传到 Controlnet 插件中，选择模型为 control_v1p_sd15_brightnes，控制权重设置为 0.5，引导介入时机为 0.1，引导终止时机为 0.65，这些参数可以根据实际情况调整，如下图所示。

（2）选择一个真实感的模型，这里选择的是“majicmixRealistic_v7.safetensors”，再在提示词框中输入对生成图片的简单描述，这里输入的提示词为“masterplece,best quality,highres,a beautiful girl walking in the park at night,”，参数设置根据实际操作调整即可，如下图所示。

Stable Diffusion 模型 majicmixRealistic_v7.safetensors [7c819b6d13] 外挂 VAE 模型 Automatic CLIP 终止层数 2

文生图 图生图 后期处理 PNG 图片信息 模型融合 训练 无边图像浏览 模型转换 QR Toolkit 超级模型融合 模型工具箱 WD 1.4 标签器 设置 扩展

masterpiece,best quality,highres,a beautiful girl walking in the park at night, 20/75 生成

提示词 (20/75) 请输入新关键词

(worst quality:2),(low quality:2),(normal quality:2),complex background,human,watermark,text,EasyNegative,坏图修复DeepNegativeV1.x_V175T, 151/225

反向词 (151/225) 请输入新关键词

（3）点击“生成”按钮，一张利用光影控制将文字融合在图片中的图像就生成了，如下图所示。如果文字效果过于明显，可以一直降低权重值，或调整引导介入与终止时机数值，持续生成，直到满意为止。如果想将图片 logo 融合，基本步骤不变，只需更换 Controlnet 中的图片即可。

第 7 章

用 Midjourney 素材在 Stable Diffusion 中训练 LoRA

为什么要掌握训练 LoRA 技术

通过前面的学习，相信各位创作者都已经明白了 LoRA 模型的重要性，这其实也是为什么类似于 liblib.ai 这样的模型下载网站能持续火爆的原因。

那么既然已经有内容如此丰富的模型下载网站，为什么笔者还格外强调创作者应该掌握 LoRA 训练技术呢?

总结起来，大致有以下三个原因。

通过 LoRA 可以创建风格独树一帜的作品。例如，下面展示的是笔者使用自己训练的文字 LoRA 创作的珠宝类型文字。

提升某一种风格的出图效率及出图质量，例如，当制作某一类型的图片时，总要撰写各种提示词以固化某一种风格，此时就不如直接训练一直专属的 LoRA 以快速创作类型的效果。

除上述两点外，还有一点是基于商业变现方面的考虑。从现在 SD 的发展趋势来看，越来越多创作机构将其纳入规范的创作工作流中，但并不是所有机构都掌握了训练 LoRA 的方法与技巧，因此未来可能需要专业的 LoRA 训练师。

实际上，现在在 https://tusiart.com/ 网址上，那些能够获得独特效果的 LoRA 已经可以通过充能计划获得一定的收入，如下图右下角所示。

训练 LoRA 的基本流程

训练 LoRA 是一个有一定技术含量的操作，其步骤对于初学者来说稍显复杂。

因此，需要下面笔者先讲解训练的基本流程，当创作者了解了整个流程涉及哪些步骤，每一个步骤的意义后，在训练时就会更加有的放矢。

步骤 1：准备软件环境

训练 LoRA 需要的软件是两个，分别是用于训练及打标签的软件 LoRa-scripts，以及用于处理标签的 BooruDatasetTagManager。

两款软件均可按前言或封底提示信息进行操作下载。

BooruDatasetTagManager v2.0.1 Latest

Compare

starik222 released this 3 days ago · 2 commits to master since this release v2.0.1 4bd44a9

- Fixed an error that occurred when saving a data set. #80 #84
- Fixed display of the number of tags. #85
- Fixed updating the list of all tags. #82 #90
- Improved performance of the list of all tags.
- Implemented customization for displaying auto-generation results (complete replacement or adding only new tags). #81
- Focus Image Tags panel on "Add new tag" action. #86

▾ Assets 3

BDTM_V2.0.1_NetCore60_AllInclude.zip	76.9 MB	3 days ago
Source code (zip)		4 days ago
Source code (tar.gz)		4 days ago

步骤 2：确定训练目的

在训练 LoRA 模型之前，需要首先明确需要训练什么类型的 LoRA，是具象化的人物角色、物体、元素、服饰，还是泛化的画风、概念等。

在这个阶段明确了训练的目标，才能更好地确定要找的素材，同时准备好用于训练的底模。

步骤 3：准备并处理训练素材

搜集素材方法

常用的搜索素材方法大体可以分为以下几种。

» 在专门的素材网站上下载，如花瓣网、 Pexels、 Unsplash、 Pixabay 等。

» 利用后期软件自己合成或处理得到。

» 利用相机进行实拍搜集。

» 利用三维软件制作渲染得到。

» 在类似于 Midjourney、liblib.ai 这样的在线 AI 网站上，在线生成素材。

» 在淘宝等网站购买已经整理好的素材。

下面是笔者为训练一个机甲 LoRA，使用 Midjourney 生成的素材图片。

在搜集整理或生成素材时注意以下要点。

» 要训练具象类 LoRA，收集的图片数量建议 35 张左右，但要确保有训练目标对象的不同景象，如不同角度、不同背景、不同比例，对于人而言，应该还要有不同姿势、不同服饰，总之，要尽量全面。

» 要训练泛化类 LoRA，需要的图片数量建议至少 70 张，同时也要注意图片尽量能够体现泛化的各种特点。

处理素材目的

处理素材的目的有以下几个。

» 便于 SD 认识素材图像。

» 优化素材照片的质量。例如，纠正偏色，裁剪照片不合适的部分，去除图片中的文字、标题等。

» 统一素材图片的尺寸，其长与宽数值最好均处理为 64 的倍数，素材图片的尺寸不要高于 1024。

» 对素材图片进行重命令，以确保所有图片名称均为英文字或数字 。

右图所示为笔者训练一个机甲 LoRA 用到的去除背景后的素材图。

右图所示为笔者训练画面用的一个素材集，图片的尺寸、颜色、对比度、文件名称均不符合规范。

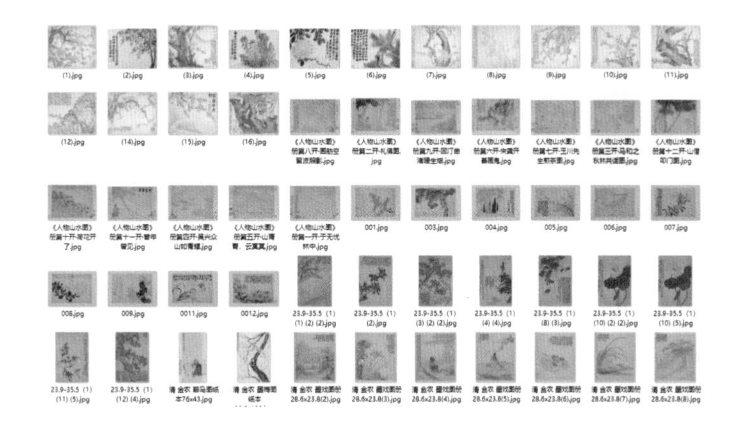

右图所示为处理后的效果。

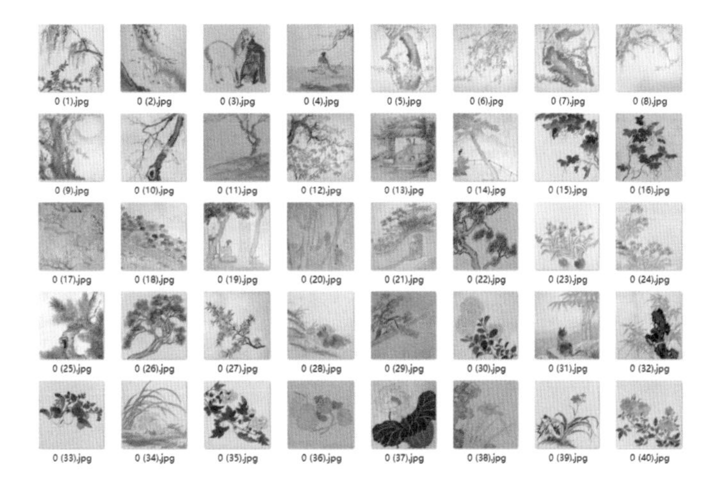

处理素材的方法

如前所述，在处理素材时，可能涉及的操作有去除背景、调色、裁剪、修改图片大小、修改文件名称等各项操作。

除了修改文件名称外，其他的操作虽然均可以找到不同的处理软件，但笔者建议使用Photoshop，因为此软件可以一站式解决以上所有问题。

处理素材的注意事项与技巧

如果要去除背景，则要确保去除干净，如右图所示的周边杂色要确保已去除。

此外，物体边缘尽量保证光滑，不要出现明显的锯齿，如右图所示，否则均会影响最终的出图质量。

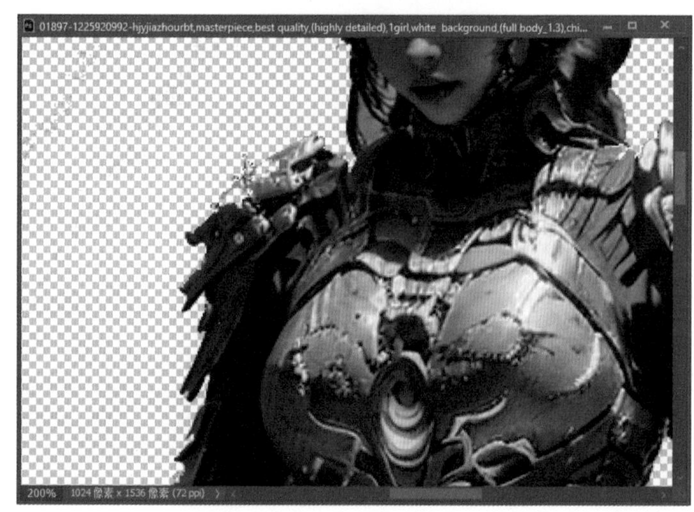

在去除大面积文字时要确保去除后的区域没有明显的遮盖、涂抹痕迹。同时颜色风格过于明显的图片要适合调色，如右图所示。

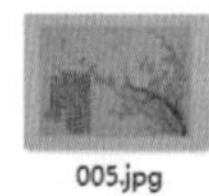

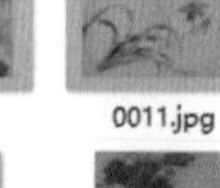

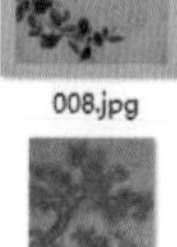
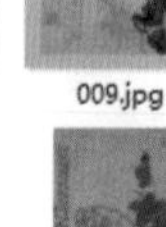

步骤 4：为素材打标签

这个步骤实际上进行的就是数据标注，工作成果是一批名称与图片相同的 TXT 文件，如下图所示。

在这些 TXT 文件中，记录的是机器对图片的解读，例如，对于如左下图所示的素材图片，对应的 TXT 文件中的文本如右下图所示。

12 03 (1).txt - 记事本

文件(F) 编辑(E) 格式(O) 查看(V) 帮助(H)

mecha, hjyjiazhourbt, wings, 1girl, armor, complex, face to face, cranny, dark, sci-fi background, pillar, black hair, full armor, weapon, standing, sword, long hair, armored boots, full body, feathered wings, breasts, gauntlets, 1boy, looking at another

第 1 行，第 1 列 100% Windows (CRLF) UTF-8

这些文字的翻译如下。

机甲，hjyjiazhourbt，翅膀，1 女孩，盔甲，复杂，面对面，缝隙，黑暗，科幻背景，柱子，黑色头发，全盔甲，武器，站立，剑，长发，装甲靴，全身，羽毛翅膀，胸部，手套，1 男孩，看着另一个。

其中 hjyjiazhourbt 是这个 LoRA 的触发词。

步骤5：设置参数并开始训练

当完成上述准备后，则可以进入 LoRa-scripts 中，通过设置参数来训练自己专属的 LoRA。

需要注意的是，要执行此操作最好有 4070 以上的 GPU，否则等待时间可能稍长。

此外，在执行以上四个步骤时，无论是第一步软件的安装路径，还是所有文件的重命名操作，需要确保没有中文字符。

步骤6：测试 LoRA

完成训练后，会在 LoRa-scripts 的 output 文件夹中出现一批 LoRA 文件，如下图所示，这些 LoRA 的质量有可能高也有可能低，可以从下面两个方法中选出质量高的一个。

hjyzb.safetensors	2023/11/30 23:36	SAFETENSORS ...	147,572 KB
hjyzb-000001.safetensors	2023/11/30 23:16	SAFETENSORS ...	147,572 KB
hjyzb-000002.safetensors	2023/11/30 23:17	SAFETENSORS ...	147,572 KB
hjyzb-000003.safetensors	2023/11/30 23:19	SAFETENSORS ...	147,572 KB
hjyzb-000004.safetensors	2023/11/30 23:20	SAFETENSORS ...	147,572 KB
hjyzb-000005.safetensors	2023/11/30 23:21	SAFETENSORS ...	147,572 KB
hjyzb-000006.safetensors	2023/11/30 23:23	SAFETENSORS ...	147,572 KB
hjyzb-000007.safetensors	2023/11/30 23:24	SAFETENSORS ...	147,572 KB
hjyzb-000008.safetensors	2023/11/30 23:26	SAFETENSORS ...	147,572 KB
hjyzb-000009.safetensors	2023/11/30 23:27	SAFETENSORS ...	147,572 KB
hjyzb-000010.safetensors	2023/11/30 23:29	SAFETENSORS ...	147,572 KB
hjyzb-000011.safetensors	2023/11/30 23:30	SAFETENSORS ...	147,572 KB
hjyzb-000012.safetensors	2023/11/30 23:32	SAFETENSORS ...	147,572 KB
hjyzb-000013.safetensors	2023/11/30 23:33	SAFETENSORS ...	147,572 KB
hjyzb-000014.safetensors	2023/11/30 23:35	SAFETENSORS ...	147,572 KB
hjyzbrealisticV51.safetensors	2023/12/1 23:35	SAFETENSORS ...	147,572 KB
hjyzbrealisticV51-000001.safetensors	2023/12/1 23:32	SAFETENSORS ...	147,572 KB
hjyzbrealisticV51-000002.safetensors	2023/12/1 23:32	SAFETENSORS ...	147,572 KB
hjyzbrealisticV51-000003.safetensors	2023/12/1 23:32	SAFETENSORS ...	147,572 KB
hjyzbrealisticV51-000004.safetensors	2023/12/1 23:32	SAFETENSORS ...	147,572 KB
hjyzbrealisticV51-000005.safetensors	2023/12/1 23:33	SAFETENSORS ...	147,572 KB
hjyzbrealisticV51-000006.safetensors	2023/12/1 23:33	SAFETENSORS ...	147,572 KB
hjyzbrealisticV51-000007.safetensors	2023/12/1 23:33	SAFETENSORS ...	147,572 KB
hjyzbrealisticV51-000008.safetensors	2023/12/1 23:33	SAFETENSORS ...	147,572 KB
hjyzbrealisticV51-000009.safetensors	2023/12/1 23:34	SAFETENSORS ...	147,572 KB
hjyzbrealisticV51-000010.safetensors	2023/12/1 23:34	SAFETENSORS ...	147,572 KB
hjyzbrealisticV51-000011.safetensors	2023/12/1 23:34	SAFETENSORS ...	147,572 KB
hjyzbrealisticV51-000012.safetensors	2023/12/1 23:34	SAFETENSORS ...	147,572 KB
hjyzbrealisticV51-000013.safetensors	2023/12/1 23:34	SAFETENSORS ...	147,572 KB
hjyzbrealisticV51-000014.safetensors	2023/12/1 23:35	SAFETENSORS ...	147,572 KB

查看 loss 值

在训练 LoRA 的过程中，有一个非常重要的指标即损失函数的值，也称为 Loss 值。如果所有操作都是正确的，那么整个训练的过程，就是 loss 值不断变小的过程。

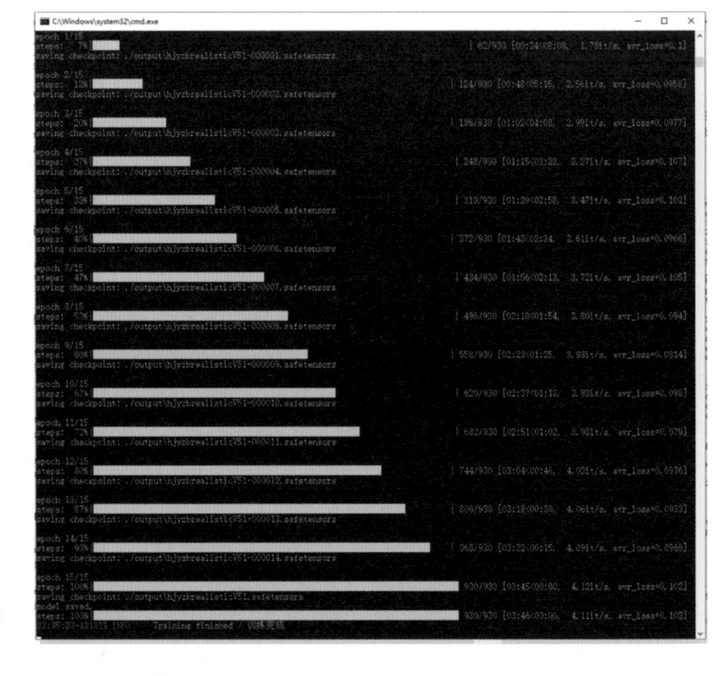

换言之，在训练时只要关注如右图所示的 Loss 值，其数值只要是一直在下降，就说明训练的素材及参数是对的。

从经验来看，此数值在 0.8 左右时得到的模型效果比较好，因此就右图所示的数据来看，第 9 与第 11 个模型大概率是效果更好一些的。

这种方法虽然快捷，但不够精准，适用于“急性子”创作者，如果要从这些模型中找到更合适的，需要使用下面要讲解的 XYZ 图表法。

XYZ 图表法

这种方法是指，利用 SD 的脚本功能，自动替换提示词中的模型名称及权重值，其步骤如下。

首先，在提示词中将 LoRA 的名称与权重分别用 UNM 与 STRENGTH 来替代，因此，在提示词中 LoRA 的编写方式是 <lora:hjyjiazhouRBT-5.10UP-NUM:STRENGTH>，如下图所示。

接下来，在“脚本”区域选择“X/Y/Z plot”选项，并在“X 轴类型”“Y 轴类型”中均选择 Prompt S/R 选项，将“X 轴值”设置为 NUM,000001,000002,000003,000004,000005,000006,000007,000008,000009,000010,000011,000012,000013,000014,000015（这是由于本例中笔者调整了 15 个模型），将“Y 轴值”设置为 STRENGTH,0.1,0.2,0.3,0.4,0.5,0.6,0.7,0.8,0.9,1。

以上设置相当于分别用“X 轴类型”参数匹配“Y 轴类型”参数，从而获得 150 组模型不同、参数不同的提示词。

完成以上设置后，点击“生成”按钮，SD 开始自动成批生成图像，如右图所示。

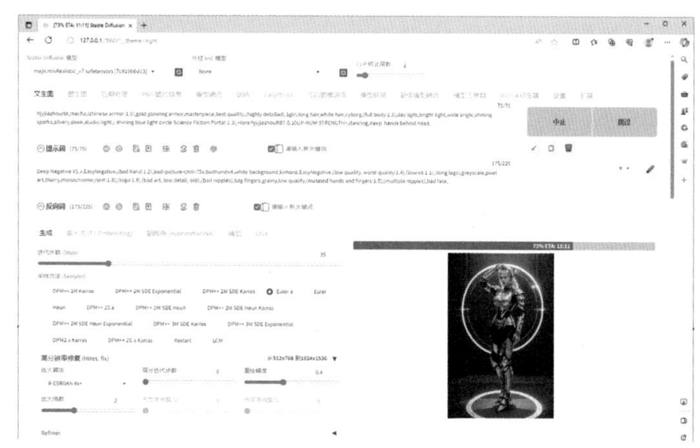

完成操作后，得到如下图所示的一张效果联系表。

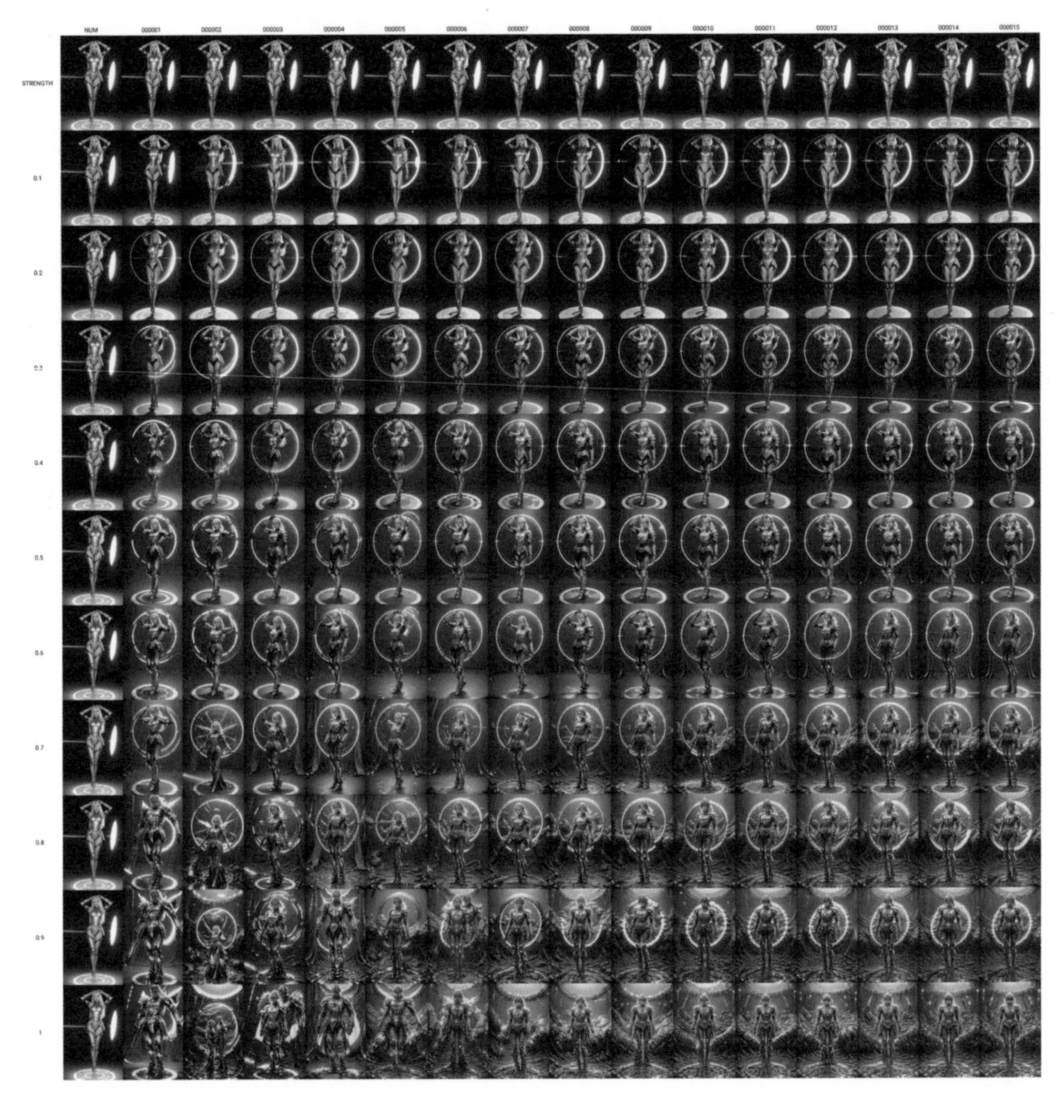

这张图像的尺寸非常大，整个文件的大小可以达到上百兆，例如，笔者生成的这张图像超过 326MB，如下图所示。

xyz_grid-0002-4148103857-hjyjiazhourbt,mecha,(chinese arm...	2023/12/5 21:04	PNG 文件	326,594 KB
02173-3560072762-dragon,heavy,gold,((jade)),(pearl_0.7),no ...	2023/12/5 11:51	PNG 文件	1,222 KB
02166-538011237-dragon,heavy,gold,((jade)),(pearl_0.7),(rub...	2023/12/5 11:50	PNG 文件	1,400 KB
02169-3833730314-dragon,heavy,gold,((jade)),(pearl_0.7),(ru...	2023/12/5 11:50	PNG 文件	1,399 KB

接下来需要放大这张图像，仔细对比查看，以确定是哪一个序号的模型在哪一个权重参数下可以获得最好的效果。

LoRA 训练实战及参数设置

LoRA 训练实战目标

在本例中，笔者准备训练一个珠宝类型的 LoRA，因为笔者在网上没有找到一个特别满意的珠宝 LoRA。

下面展示的是，笔者使用按后面的步骤训练出来的 LoRA 创作的珠宝作品，可以看出，效果还是比较令人满意的。

使用 Midjourney 生成并处理素材

考虑到珠宝类型丰富、材质多样、造型各异，笔者使用 Midjourney 生成了近 200 张珠宝图像，并从中选择了 100 张图像，如下图所示。

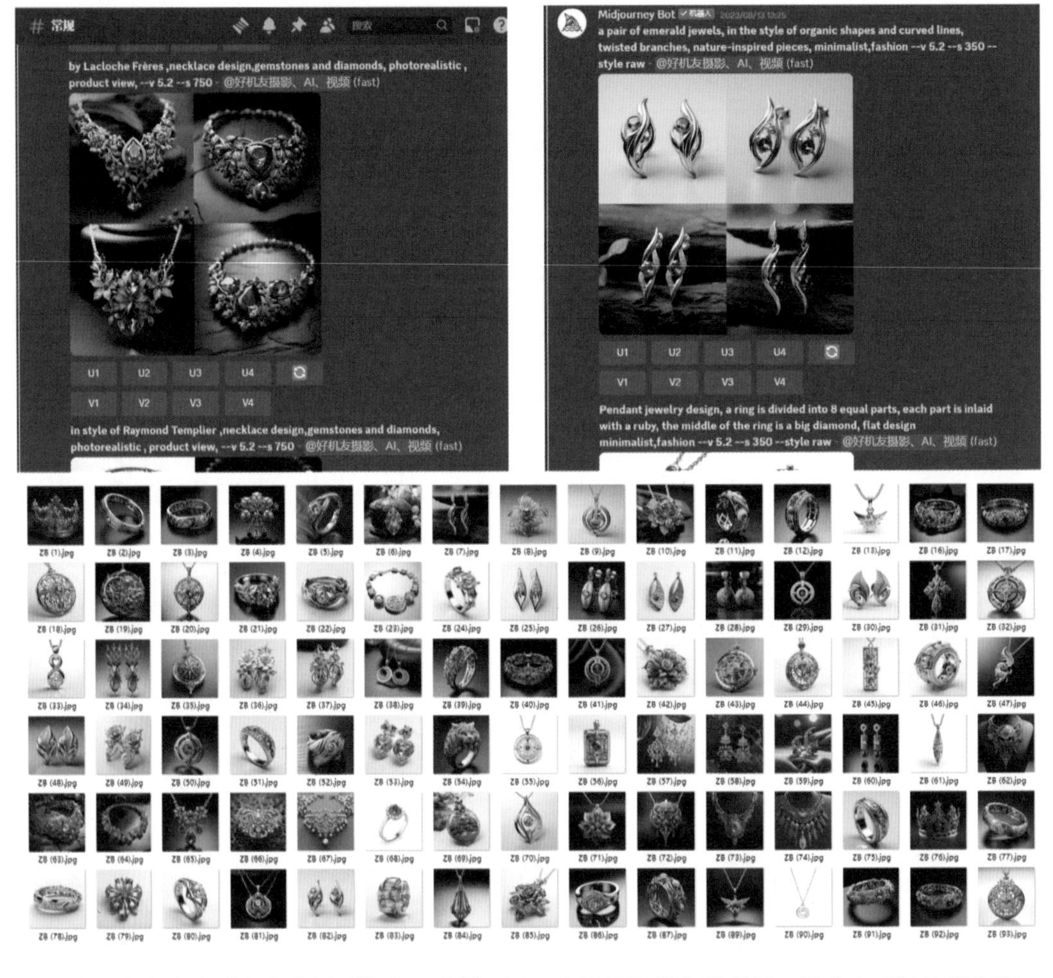

由于笔者在生成这些素材时指定了比例，而且为提示词指定了背景，因此在素材处理方面，只需要将其统一缩小为长宽均为 512 的正方形即可。

为素材打标签

启动用于训练及打标签的软件 LoRA-scripts。

在此软件的安装文件夹中找到下面三个 bat 文件，先双击“A 强制更新 - 国内加速 .bat”，再双击“A 强制更新 .bat”，最后双击“A 启动脚本 .bat”。

A启动脚本.bat	2023/8/14 11:35	Windows 批处理...	1 KB
A强制更新.bat	2023/8/11 10:49	Windows 批处理...	1 KB
A强制更新-国内加速.bat	2023/8/11 10:49	Windows 批处理...	1 KB

启动后软件将自动在网页浏览器中打开如下图所示的界面。

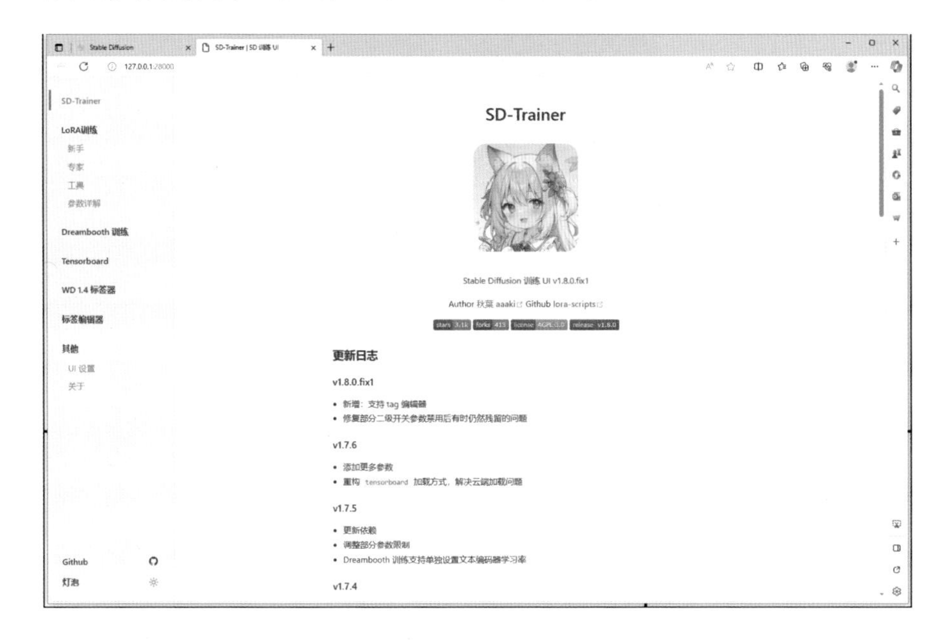

点击“WD 1.4 标签器”，进入打标签的界面，在“图片文件夹路径”框中粘贴入第 1 步整理的素材图片所在的文件夹路径 D:\train LoRA\2023 11 30 jewerly train\S\JPEG，并将“阈值”设置为 0.4，其他参数保持默认，如下图所示。要注意，路径中不能有中文字符。

此处的“阈值”可以理解为一个概率值，因为“WD 1.4 标签器”在为图片打标签时，实际上是以一定的概率来推测图片中的物体是什么，当数值设置为 0.4 时，意味着要求“WD 1.4 标签器”针对一个物体输出概率大于 40% 的词条。

设置完参数后，点击右下角的“启动”按钮。

此时将会看到命令提示行窗口显示如右图所示的调整用图片反推提示词模型。

如果模型调用正确，开始处理后则显示如右图所示的为图像打标签处理进度窗口。

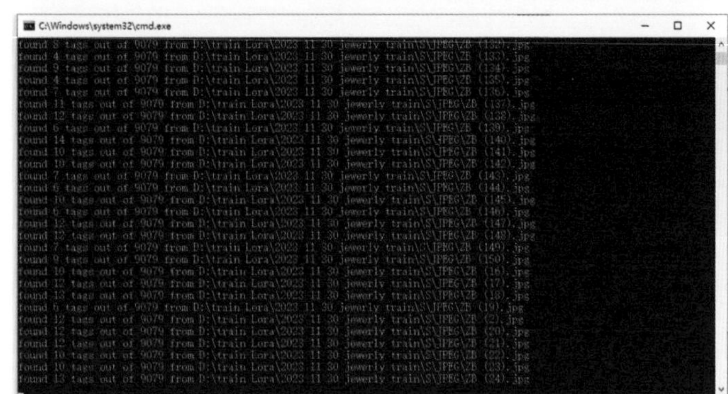

完成处理后，进入图片文件夹，可以看到与图片一一对应的标签 TXT 文件，如下图所示。

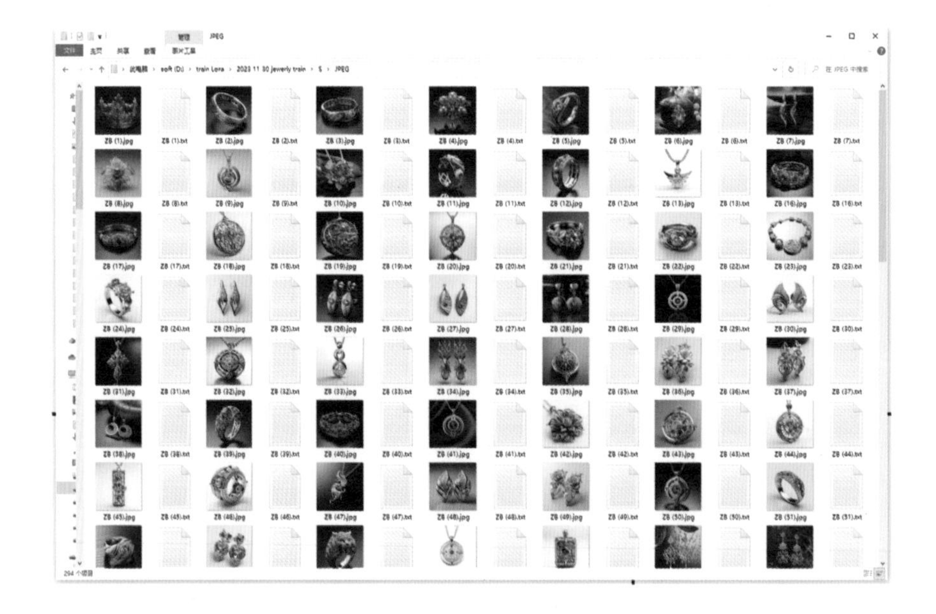

下面要进行的工作是，对照图片核对标签 TXT 文本，此时要打开 BooruDatasetTagManager 软件，其界面如左下图所示。

如果打开时软件不是中文界面，可以点击“设置”菜单，选择 Setting 命令，并在弹出的对话框中将“界面语言”选择为 zh-CN，如右下图所示。

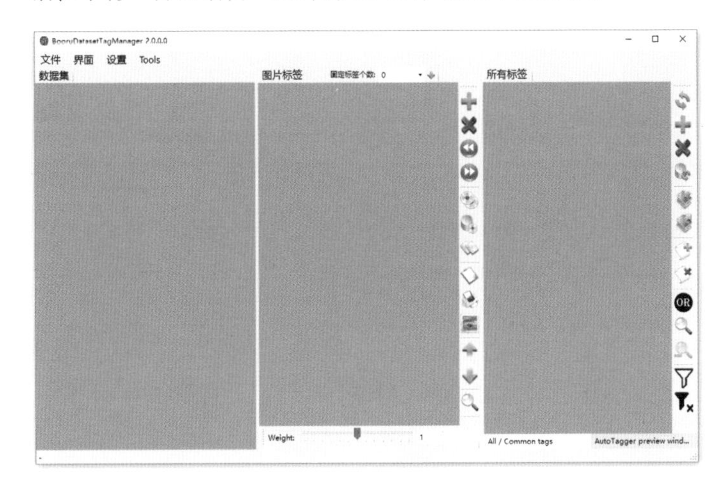

点击“文件”菜单，选择“读取数据集目录”命令，并在弹出的对话框中选择上一步打标签的文件夹，此时图片及各图片标签将全部列出，如右下图所示。

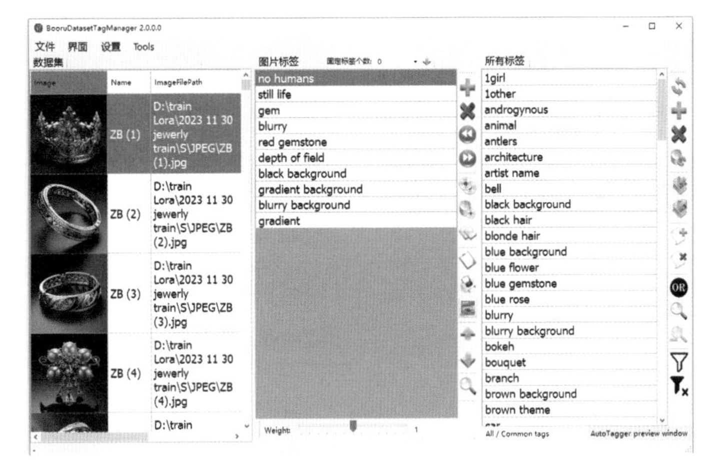

为了方便修改标签，点击“界面”菜单，选择“翻译标签”命令，此时软件界面如右图所示。

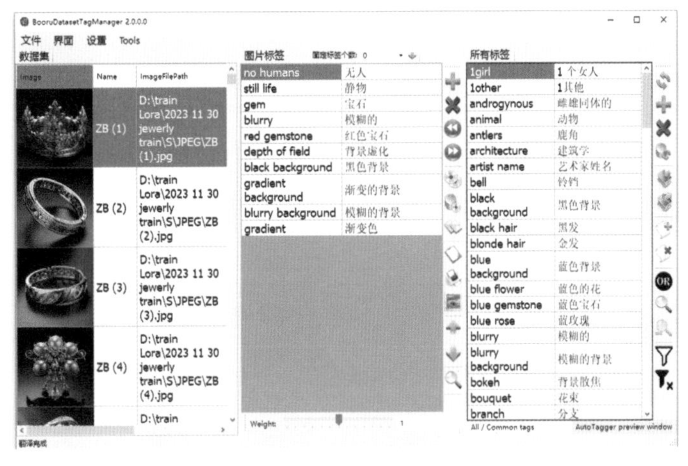

从软件最右侧的一栏“所有标签”中选中明显错误的文字标签，如右图所示的twitter username，以及下方的watch，点击右侧的删除图标✖。

按上述方法操作，可以删除所有图片中与被选中文本相同的标签。

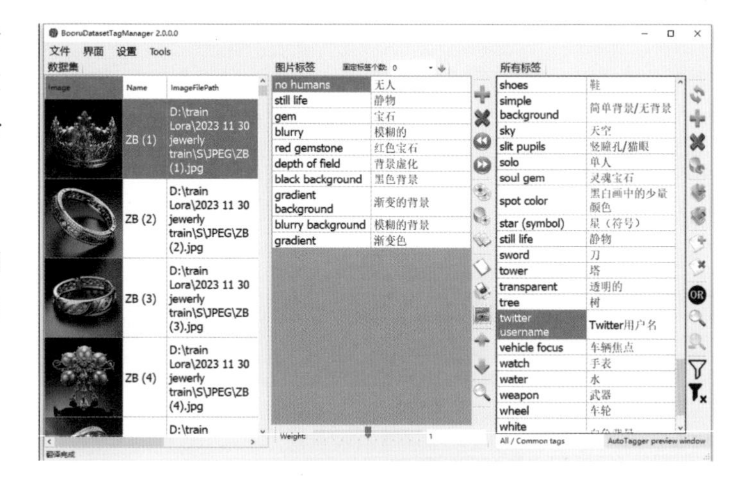

下面要一一点击对话框最左侧图片栏中的图片，并与中间一栏中的文本进行比对，如果文本没有准确描述图像，则需点击添加➕图标，添加一个空文本位置，然后输入要添加的文本。

例如，对于如右图所示的珠宝吊坠，需要添加wing作为新的标签，以准确描述其外形。

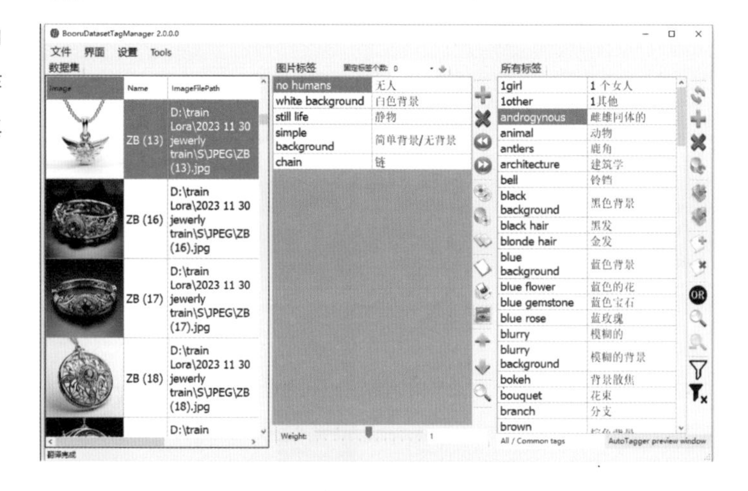

添加标签后的对话框如右图所示。

一一核实所有图片的文本标签后，按Ctrl+S保存所有修改后退出此软件。

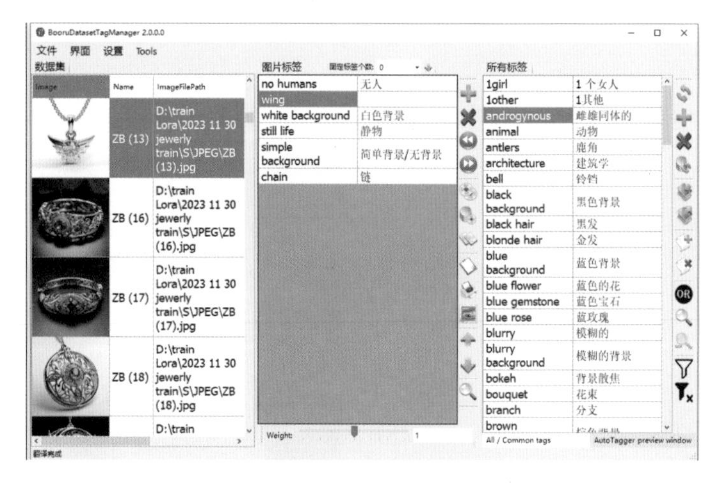

设置训练参数

重新进入 LoRa-scripts 界面，点击“新手”标签。下面需要分别设置各个参数。

设置底模

选择底模是一个非常重要的步骤，可以将其形容为万丈高楼的地基。

如果训练的 LoRA 用于生成真实感图片，则也要选择真实系的底模，例如 majicmixRealistic_v7.safetensors。

操作方法是，点击 □ 图标，然后在对话框中选择底模文件，如下图所示。

训练用模型

pretrained_model_name_or_path
底模文件路径

D:/SD/sd-webui-aki/sd-webui-aki-v4.4/models/Stable-diffusion/majicmixRealistic_v7.safetensors

选择打完标签的文件夹

这一环节分为三个步骤。

首先，在 LoRa-scripts 文件夹中的 train 文件夹中创建一个项目文件夹，文件夹名称任意，如下图所示。

接下来，在此文件夹中创建一个文件夹，并拷入素材图片与其对应的标签文本，但需要注意的是，此文件夹的命名有一定规范，必须是“数字 _ 项目文件名”，如 20_hjyzb，此数值为训练 LoRA 的次数，如下图所示。

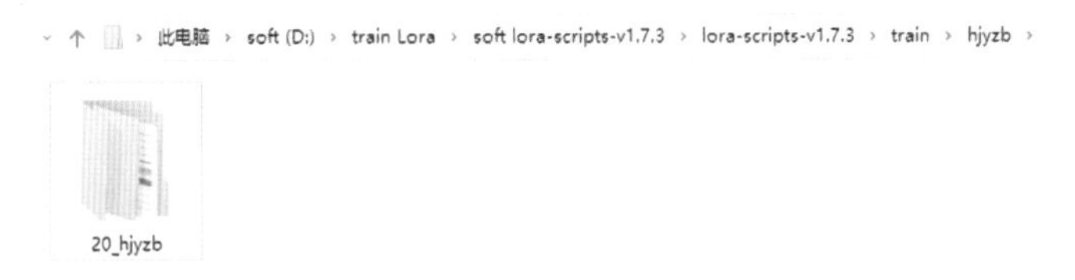

将此数值调高，能够让 SD 更好地学习图片的细节，尤其是当图片有许多细节时，建议可以调高此数值。但也并不是越高越好，过高的数值，会让 SD 对图片的学习固化，会导致生成的图片过于类似素材图片，从而失去了 SD 天马行空的自由发挥能力。反之，数值太低，则 SD 无法完全理解照片的细节，会出现术语称谓欠拟合的情况。

设置图片尺寸

在如下图所示的数值框中输入之前搜集的图片尺寸，必须是 64 的倍数，通常是 512,512 或 512,768。

resolution
训练图片分辨率，宽x高。支持非正方形，但必须是 64 倍数。
512,512

设置模型前缀及保存文件夹

在“保存设置”区域设置模型的前缀名称及保存文件夹，如下图所示。

保存设置
output_name
模型保存名称
hjyZBZB
output_dir
模型保存文件夹
./output
save_every_n_epochs
每 N epoch（轮）自动保存一次模型
1

在此处需要重点关注 save_every_n_epochs 参数，这个数值决定了最终得到的模型的数值，通常可以设置 1，即每轮训练均保存一个模型，通常笔者训练 15 轮，会最终得到 15 个模型，然后从中选择合适的。

设置训练轮数与次数

此处设置的两个参数比较关键，如下图所示。

训练相关参数
max_train_epochs
最大训练 epoch（轮数）
15
train_batch_size
批量大小
4

第一个参数 max_train_epochs 调整的是训练的轮数，可以简单地将其理解为“跑了多少圈”，这个数值与第二步中按“数字 _ 项目文件名”规范创建的文件夹前面的数值，以及图片素材量共同决定了最终 SD 训练所需要的时间。

例如，笔者创建的文件夹前面是 20，max_train_epochs 参数设置为 15，素材图片共 20 张，那么最终训练时，SD 将要对 6000 张图片进行学习，计算方式为 20 × 15 × 20=6000。

第二个参数 train_batch_size 定义的是 SD 每次学习的素材数量，此数值越高，对硬件要求越高，通常如果 GPU 有 6GB 显存，建议数值仅设置为 1，如果有 24GB 显存，可以设置为 6。

此数值越大，训练速度越快，模型收敛越慢。收敛的意思是指损失函数的值（也称为 Loss 值）一直在往我们所期望的阈值靠近。

一般经验是，如果要增加 train_batch_size，则需要同步增加下面将要提及的学习率。

设置学习率与优化器

此处设置的参数如下图所示。

学习率与优化器设置

unet_lr U-Net 学习率	1e-4
text_encoder_lr 文本编码器学习率	1e-5
lr_scheduler 学习率调度器设置	cosine_with_restarts
lr_warmup_steps 学习率预热步数	– 0 +
lr_scheduler_num_cycles 重启次数	– 1 +
optimizer_type 优化器设置	AdamW8bit

在上图中有两个学习率参数，即 unet_lr 和 text_encoder_lr，其中 unet_lr 是指图像编码学习率，text_encoder_lr 是指文本编码学习率。

简单来说，学习率是指控制模型在每次迭代学习中更新权重的步长。学习率的大小对模型的训练和性能都有重要影响。学习率太小，模型收敛速度会很慢，导致训练时间变长；如果学习率设置得太大，模型可能会由于过快学习，导致错过最优化的数值区间，而且还有可能在训练过程中出现 Loss 反复震荡，甚至无法收敛。

这两个学习率的数值通常是不同的，unet_lr 的学习率比 text_encoder_lr 高，是因为学习难度更高。

如果 unet_lr 过低，那么生成的图与素材不符，而训练过度又会导致图像固化，或者质量变低。

text_encoder_lr 过低会导致提示词对图像内容影响力变弱，而训练过度则同样会使图像内容固化，失去了 SD 天马行空的创意发挥能力。

初学者最好保持默认数值。

lr_scheduler 用于设置动态调整学习率的算法，其作用是，在训练过程中根据模型的表现自动调整学习率，以提高模型的训练效果和泛化能力，有以下四个参数。

» Cosine，余弦。即使用余弦函数来调整学习率，使其在训练过程中逐渐降低。

» cosine_with_restarts，余弦重启。即在 consine 的基础上每过几个周期将进行一次重启，此选项要配合 lr_scheduler_num_cycles 参数使用。

» constant，恒定。即学习率不变。

» constant_with_warmup，恒定预热。由于刚开始训练时模型的权重是随机初始化的，此时若选择一个较大的学习率，可能带来模型不稳定，选择 Warmup 预热学习率的方式，可以使得开始训练的几个轮次里学习率较小，使模型慢慢趋于稳定，等模型相对稳定后再选择预先设置的学习率进行训练，使模型收敛速度变得更快，效果更佳，此选项要配合 lr_warmup_steps 参数使用。

optimizer_type 是指训练时所使用的优化器类型，这也是一个非常重要的参数，其目的是在有限的步数内寻找得到模型的最优解，当使用不同的选项时，即使在数据集和模型架构完全相同的情况下，也可能会导致截然不同的训练效果。

» AdamW8bit，是一种广泛使用的优化算法，它可以在不影响模型精度的前提下，大幅减少存储和计算资源的使用，从而让模型训练和推理的速度更快。

» Lion，这是由 Google Brain 发表的新优化器，各方面表现优于 AdamW，同时占用显存更小。

设置网络设置

此处设置的参数如下图所示。

网络设置

network_weights
从已有的 LoRA 模型上继续训练，填写路径

network_dim
网络维度，常用 4~128，不是越大越好
128

network_alpha
常用值：等于 network_dim 或 network_dim*1/2 或 1。使用较小的 alpha 需要提升学习率。
64

如果要在已经训练好的 LoRA 模型的基础上继续训练，可以设置 network_weights 参数，在其下方选择一个已经训练好的 LoRA 模型即可。

network_dim 参数用于设置训练 LoRA 时画面特征学习尺寸，当需要学习的画面结构复杂时，此数值宜高一些。但是也并非越高越好，维度提升时有助于学会更多细节，但模型收敛速度变慢，需要的训练时间更长，也更容易过拟合。

完成设置开始训练

完成以上参数设置后，点击右下角的“开始训练”按钮，则可以在命令窗口看到如右图所示的各个轮次的进度条，以及各个轮次的 Loss 值，以右图为例，可以看出，从第 1 轮训练开始，每次训练 Loss 值均在稳定降低，这证明操作是正确的。

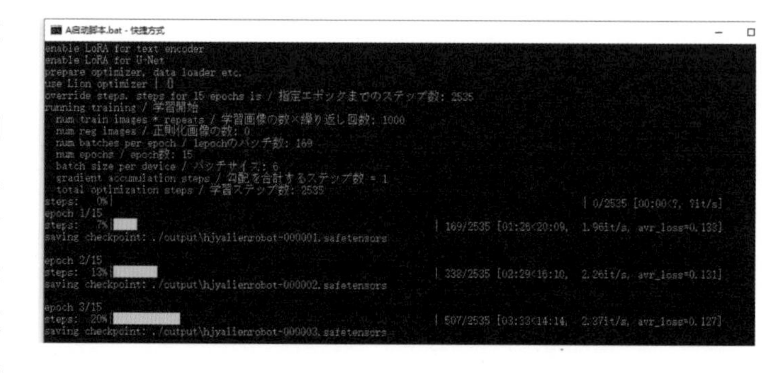

选择适合的 LoRA

完成训练后，可以在 LoRA-scripts 安装文件夹的 output 文件夹中看到 LoRA 模型，接下来，要按前面讲述的选择 LoRA 模型的方法中选择合适的 LoRA。

华丽欧式风格文字 LoRA 训练过程展示

下面展示的是笔者发布在 liblib 网站上（https://www.liblib.ai/modelinfo/f2d3359cb71a41719af6c71ff24ac50b）的一个华丽欧式风格金属文字的训练素材及成品效果。

使用 Midjourney 生成的素材

由于笔者要训练的是一个有华丽欧式花纹装饰线条的文字 LoRA，因此使用 Midjourney 生成素材时使用的提示词为 3d letter T in style of beautiful baroque,gold,white background,front view --v 5.2 --s 750，此处的 T 可以替换成为任意一个字母或数字，生成的图像如下图所示。

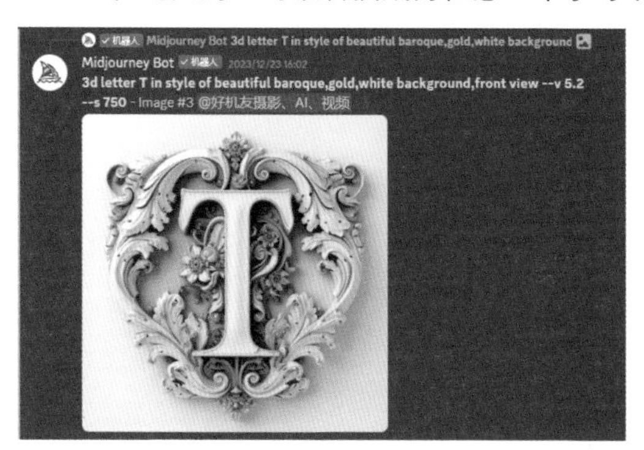

为素材打标

接下来，笔者按前面讲述的步骤选择合适的素材，并为其打标，如下图所示。

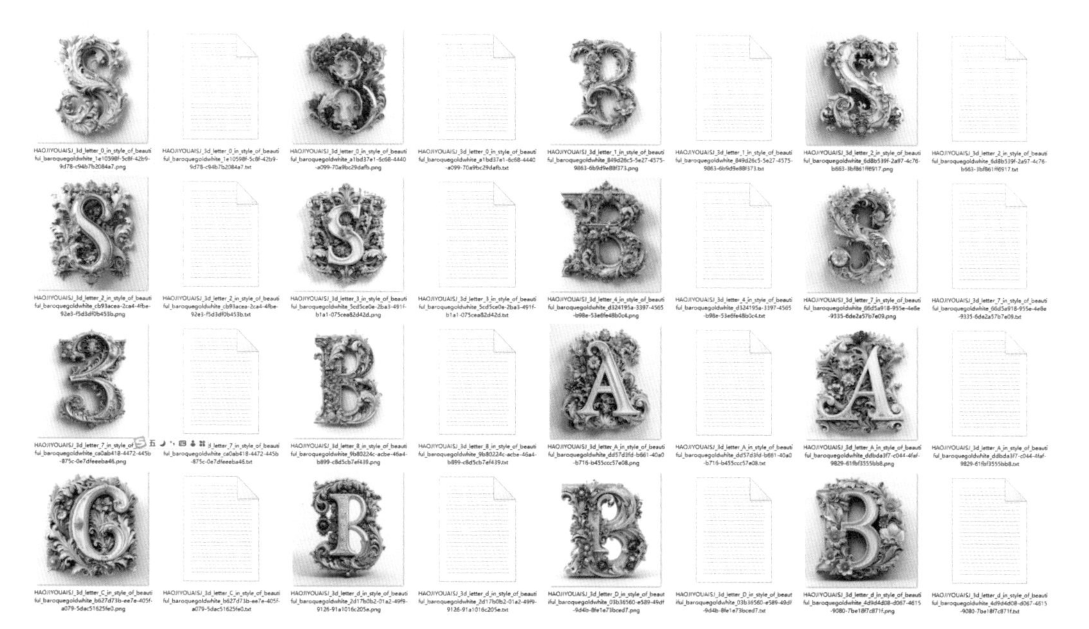

训练 LoRA 并进行测试

接下来的步骤是按前面所讲述的方法训练 LoRA 并进行 XYZ 测试，如下图所示。

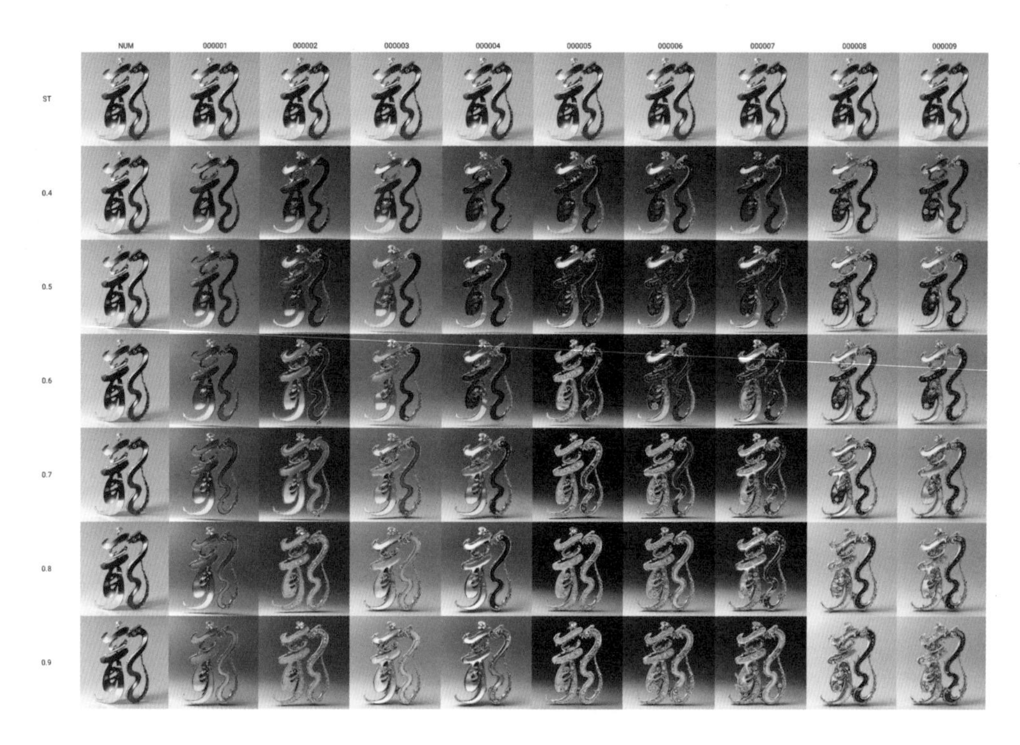

使用 LoRA 生成最终效果

下面是笔者使用选择出来的 LoRA 与 ControlNet 参考图配合生成的最终文字及图像效果。

第 8 章

用 Midjourney 与 EasyPhoto 完成高质量 AI 写真

EasyPhoto 生成 AI 写真照片基本原理

妙鸭相机带来的启示

2023 年爆火的妙鸭相机作为 AIGC 领域第一款收费 AI 人像写真照片产品，成功地为大家展示了如何使用 AIGC 技术少量的人脸图片建模，快速提供“真”“像”“美”的个人写真，在极短的时间拥有了大量的付费客户。

在妙鸭相机的启示下，不少团队开始开发 AI 人像写真类软件产品，其中以 FaceChain 开发团队推出的 EasyPhoto 最接近成功，EasyPhoto 具有以下优点。

本地人部署优势避免了排队取照和数据滥用问题，用户只需上传 20 张自拍照，即可拥有个性化数字分身。

可上传自定义图像，并完美地使用 EasyPhoto 生成形象逼真的写真照片。

工作流程及基本原理

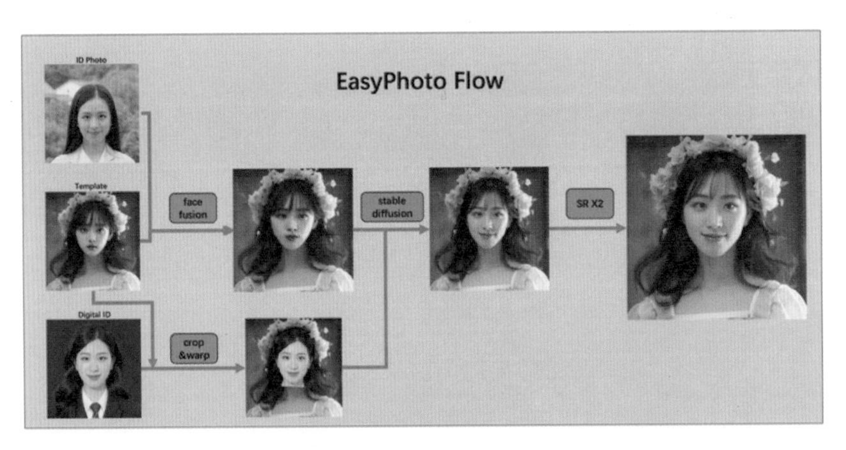

EasyPhoto 的工作流程如下。

（1）使用人脸检测模型对输入的指定模板进行人脸检测 (crop & warp) 并结合数字分身进行模板替换。

（2）采用 FaceID 模型挑选用户输入的最佳 ID Photo 和模板照片进行人脸融合。

（3）使用融合后的图片作为基底图片，使用替换后的人脸作为 control 条件，加上数字分身对应的 LoRA，进行图到图局部重绘生成。

（4）采用基于 StableDiffusion + 超分的方式进一步在保持 ID 的前提下生成高清结果图。

在这个过程中，EasyPhoto 使用了 ControlNet 中的 Canny 模型来控制图像的边缘近似度，并使用 OpenPose 模型来控制人体的姿态，同时利用基于低秩矩阵对大模型进行少量参数微调训练的方法，来获得使用少量图片进行简单训练，得到指定人脸模型的效果。

安装 EasyPhoto 插件

在 SD WebUI 中点击“扩展”标签，然后点击“从网址安装”标签，在“扩展的 git 仓库网址”框中输入 https://github.com/aigc-apps/sd-webui-EasyPhoto，点击下方的“安装”按钮即可安装，如下图所示。

在安装过程中，需要下载许多模型及必备文件，因此必须保持良好的网络状态，同时，可以将黑色代码显示控制台窗口显示出来，以便观察下载进度，如下图所示。

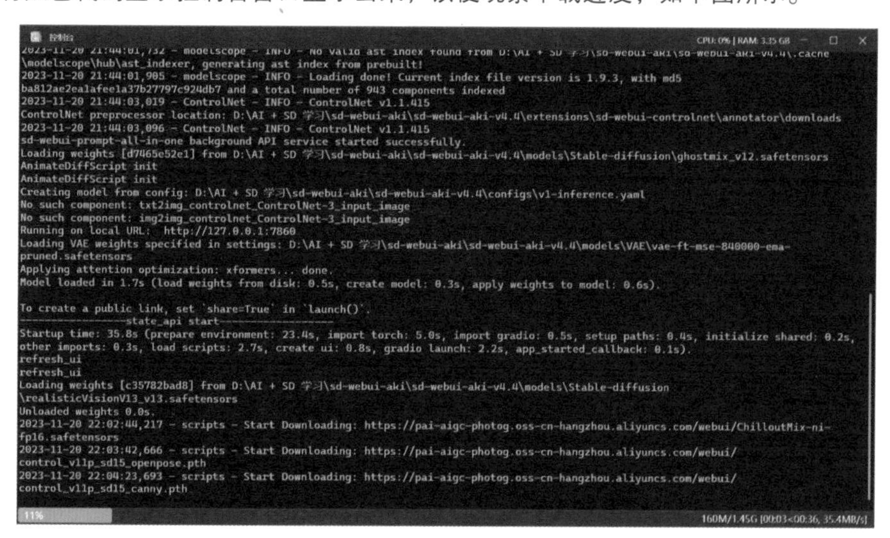

安装成功后，重启 SD WebUI 就可以看到新的 EasyPhoto 标签，如下图所示。

利用 EasyPhoto 生成 AI 写真照片的步骤

准备 EasyPhoto 训练照片素材

根据前面所讲述的工作原理可知，EasyPhoto 工作流程的第一步是对照片进行训练，以形成一个特定的个人 LoRA，因此，创作者首先要准备 5~20 张肖像图片，最好是半身照片且不要佩戴眼镜。

例如，按此提示笔者寻找了如下图所示的素材照片。

由于在下面的操作中，笔者仅希望替换脸部，因此，使用 Photoshop 对照片进行了裁剪，得到了 9 张大头照，并确保所有照片的长宽均为 800 像素，如下图所示。

上传训练用照片素材并设置参数

在 SD 中点击 Upload photos 按钮，上传准备好的素材照片，并在界面右侧的 The base checkpoint you use 下拉列表框中选择 majicmixRealistic_v7.safetensors 大模型。

界面右侧的参数建议保持默认参数不变，如果要设置，可以参考以下参数释义。

validation & save steps：验证图片与保存中间权重的 steps 数，默认值为 100，代表每 100 步验证一次图片并保存权重。

max train steps：最大训练步数，默认值为 800，数值越高，训练时间越长，得到的效果并不一定越好，此数值需要反复尝试。

max steps per photos：每张图片的最大训练轮数，默认为 200。

train batch size：训练的批次大小，默认值为 1。

gradient accumulationsteps：行梯度累计，默认值为 4。train batch size 为 1 时，每个 step 相当于训练四张图片。

dataloader num workers：数据加载的 works 数量，windows 下不生效，因为设置了会报错，Linux 正常设置。

learning rate：训练 LoRA 的学习率，默认为 0.0001。

rank LoRA：权重的特征长度，默认为 128。

network alpha：LoRA 训练的正则化参数，一般为 rank 的二分之一，默认为 64。

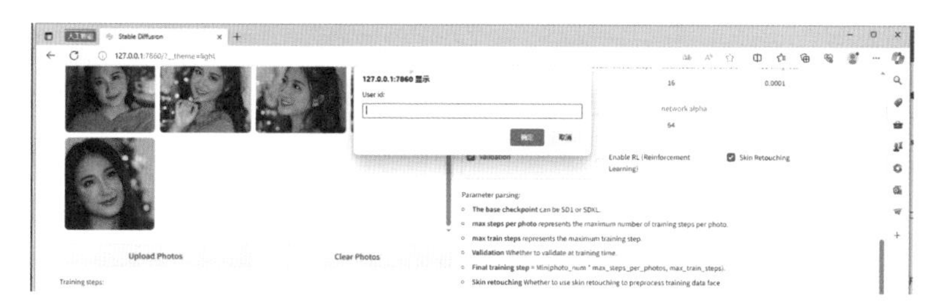

训练素材照片

完成上述设置后，点击界面下方的 Start Training 按钮，并在弹出的对话框中输入一个用户 ID 号，如下图所示，这个 ID 号将在后面的步骤中被反复调用。

可以将黑色的代码显示控制台窗口显示出来，以便于观察下载进度。例如，下面展示的图像中第一张进度为 0%，第二张进度为 100%，此过程视 GPU 性能或长或短。

同时，在 SD 的界面的 Training Logs 中也可以看到当前训练的步数，如下图所示。

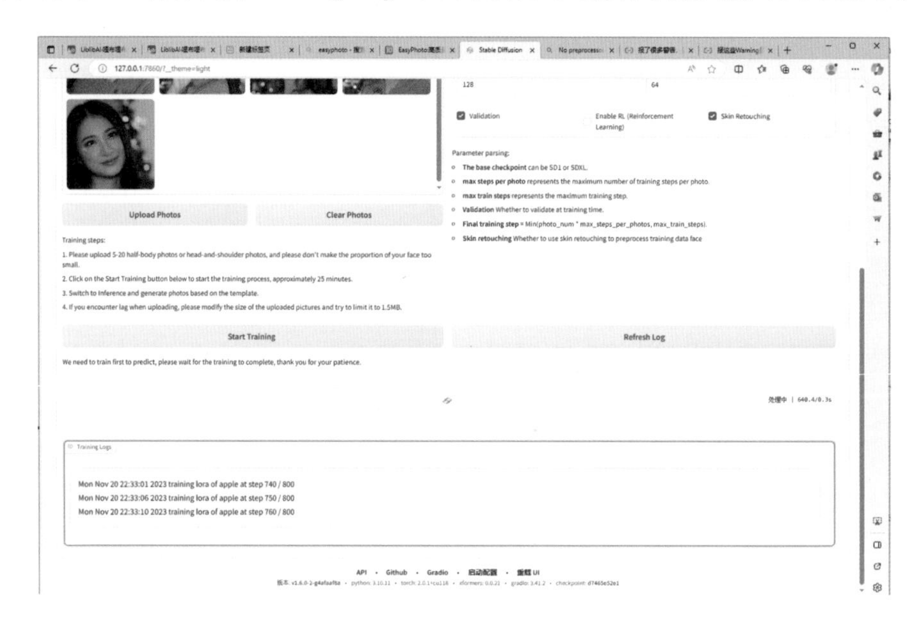

当训练结束后，会在界面上显示 The training has been completed. 的提示，如下图所示。

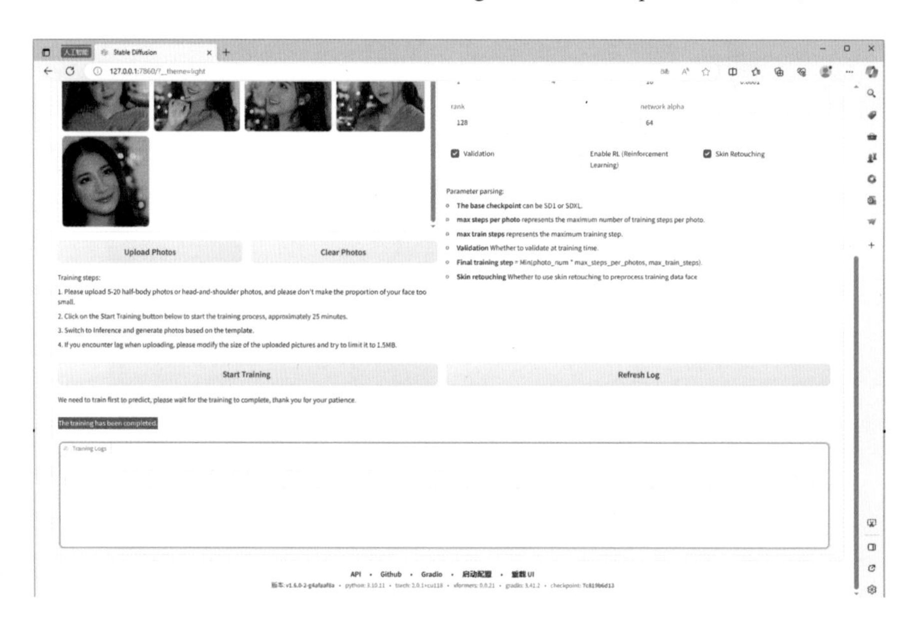

制作证件照或写真照片

接下来将进入换脸阶段。根据需要可以使用软件内置的模板，使用自己实拍或其他 AI 软件生成的照片。

在此先展示使用内置模板的操作方法。

点击“训练”标签右侧的Photo Inference标签，在如下图所示的模版展示区选择一张照片，在此笔者选择的是右上角的白色背景证件照。

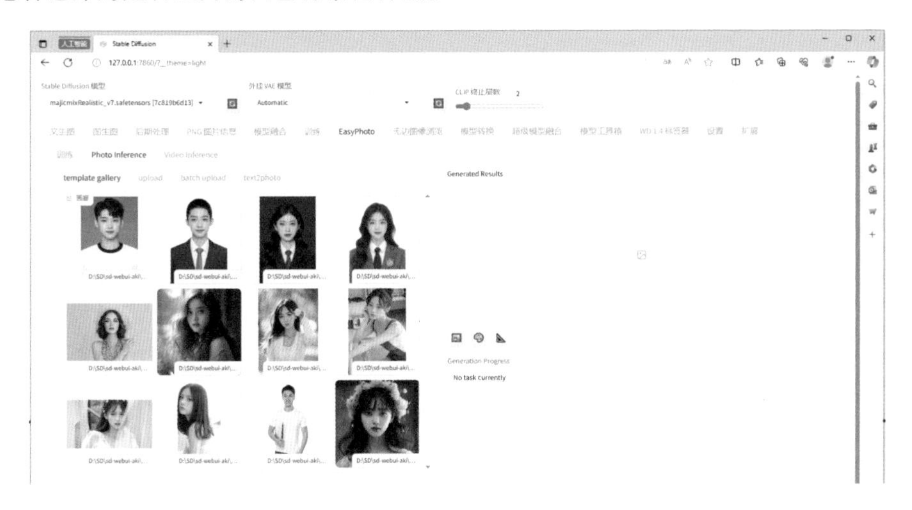

在界面中的The base checkpoint you use.下拉列表框中选择一款写实风格的大模型，建议选择majicmixRealistic_v7.safetensors。

在User_0 id下拉列表框中选择刚开始训练时命名的ID名称，如果没有需要的ID，可以点击右侧蓝色小图标进行刷新，如下图所示。

如果需要精细控制换脸效果，可以点击“高级选项”进行深入设置，否则可以直接点击Start Generation按钮，此时预览界面中将显示动态图标，并不断刷新显示处理时长，如下图所示，这个过程视GPU的性能，可长可短。

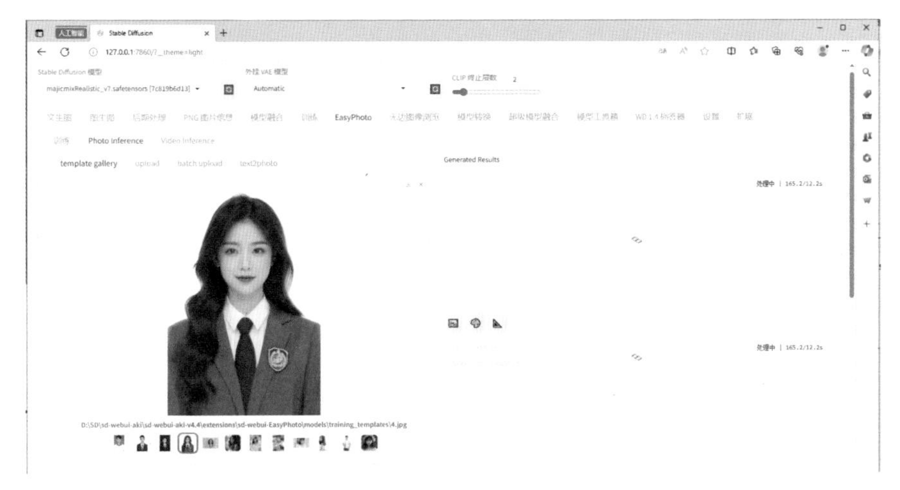

批量换脸生成照片

如果有若干张图片要统一处理，只需要点击 batch upload 标签，然后上传所有照片，再点击 Start Generation 即可。

下图所示为笔者上传的四张照片。

下图所示为操作后的效果，可以看出，四张照片均得到了处理。

完成处理后，将显示处理效果，如下图所示。

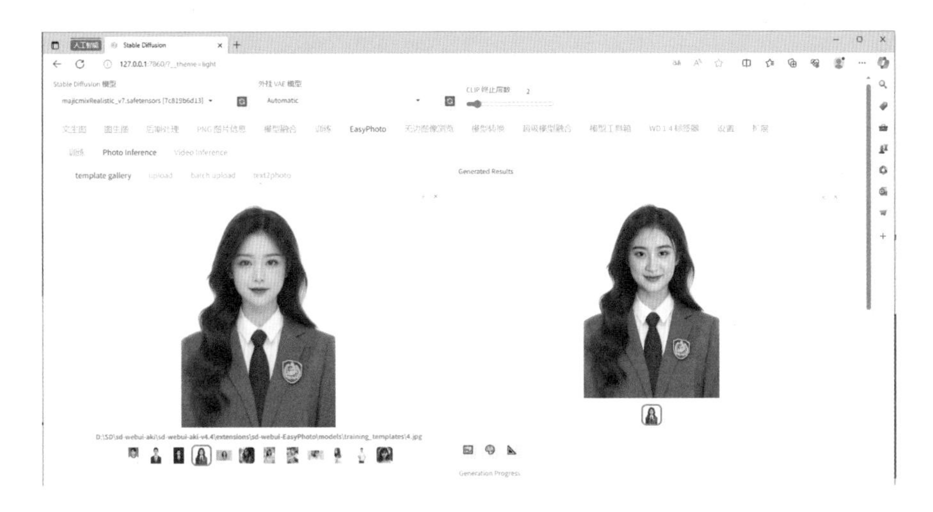

下图左侧为笔者使用的素材照片，右侧为换脸后的效果，可以看出，照片效果还是非常令人满意的。

结合 Midjourney 生成超酷创意照片

用 Midjourney 为 AI 写真照片生成素材

除了使用现有的照片或使用文本生成照片，还可以使用强大的 Midjourney 生成更有创意的照片，并以此为基础进行换脸操作。

例如，下图为笔者在 MJ 中生成的玄幻概念照片，使用的提示词分别为 photo, photorealistic, big eyes chinese girl, water bending shot circle water tribe influence, full body, epic, dynamic pose, action movie capture, temple. fantasy, movie lighting effects, photorealistic, wide angle, full body --v 6.0 与 big eyes chinese girl, Gorgeous colorful hanfu, sand bending shot single chinese dragon swirl vortex shape sand tribe influence, full body, epic, dynamic pose, action movie capture, temple. fantasy, movie lighting effects, photorealistic, wide angle, full body --v 6.0

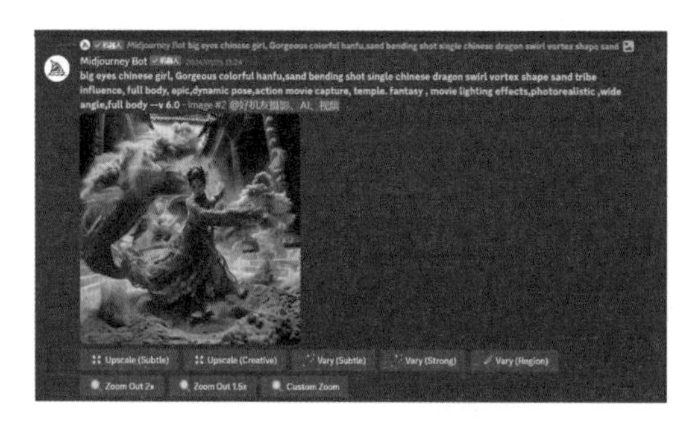

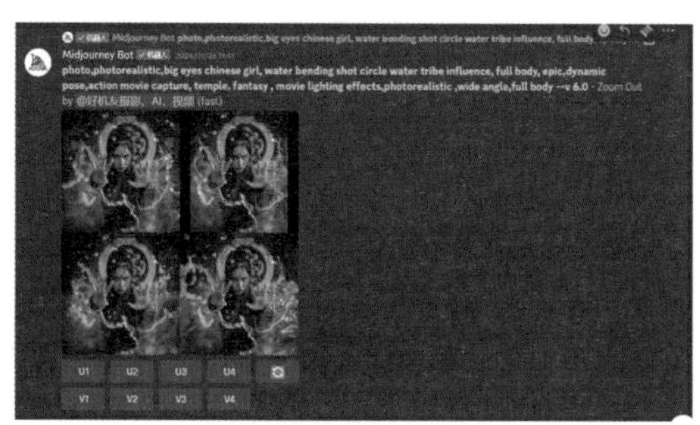

使用 EasyPhoto 完成换脸操作

将 MJ 生成的图片导入 SD 后，就按前面的方法操作完成换脸操作，获得具有玄幻效果的照片。目前许多影楼推出的轻写真套餐使用的基本均是此操作流程。

以训练素材文字生图

除上述方法外，创作者还可以通过点击 text2photo 标签后，设置此界面中的各个参数，以通过文字生成素材人像脸型的照片。

例如，笔者通过组合不同的选项，描述了一个在冬季穿着橙色外套的女孩，得到如下图所示的效果。

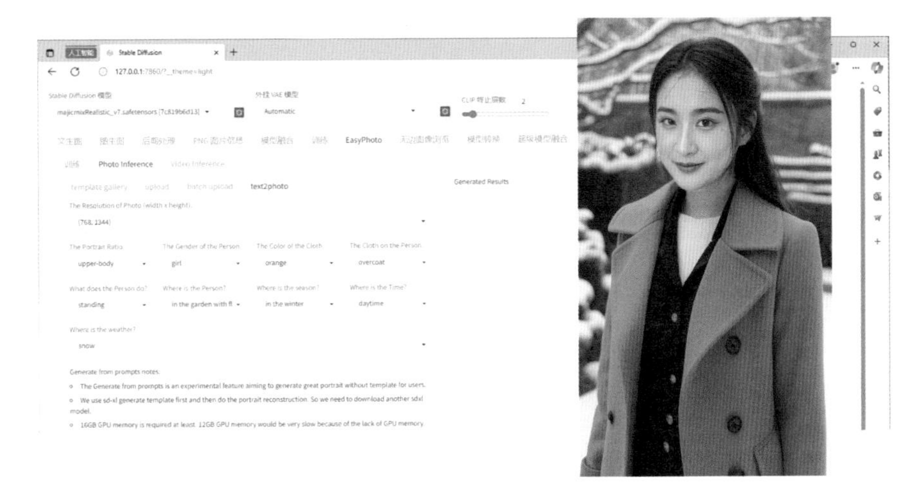

下图展示的是，笔者通过组合不同的选项，描述了一个在秋季穿着蓝色裙子坐在湖边的女孩，整体效果还是不错的。

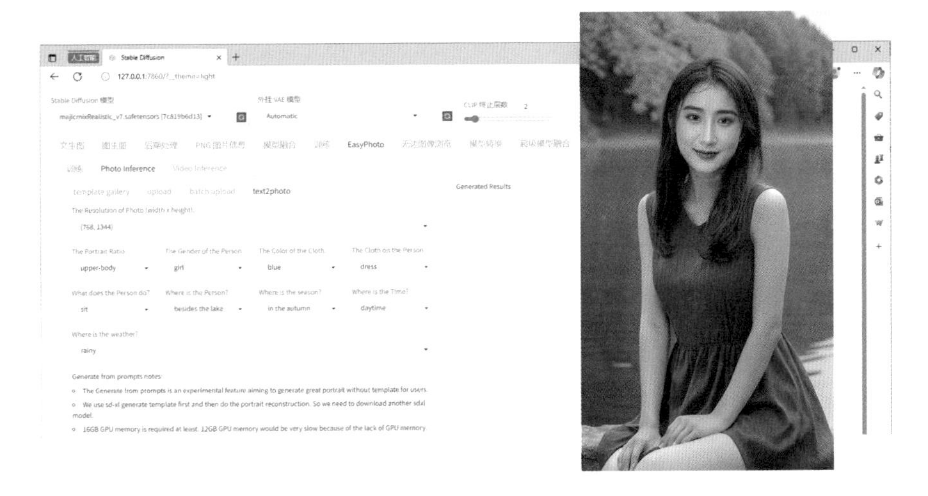

第9章

用 ControlNet 艺术化处理品牌 LOGO 造型

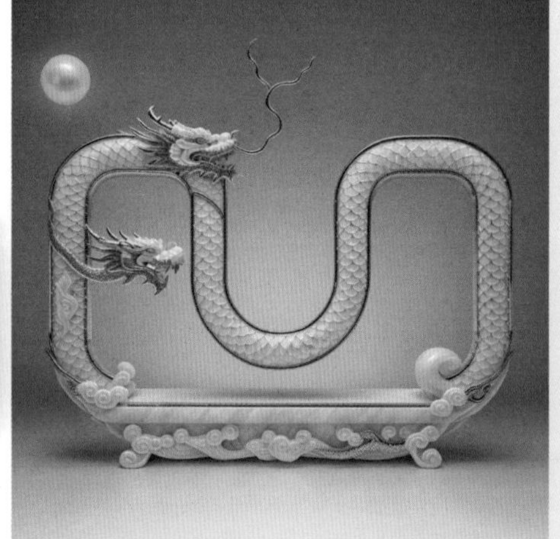

制作素材 LOGO 文件

通常公司的 LOGO 都是有颜色的，有的甚至不止两种颜色，但在后面的步骤中，要使用的是黑白素材图，因此首先要使用 Photoshop 或其他图像处理软件，将有颜色的 LOGO 文件处理成为黑白素材图。

例如，左下图为笔者使用的 LOGO，右下图为笔者使用 Photoshop 处理后的效果。

将黑白素材图像保存为 JPEG 格式文件，并记下保存路径保存备用。

准备大模型及 LoRA 模型

在本例中，笔者为了生成逼真的黄金质感的 LOGO，使用的是直接实大模型 Realistic Vision V5.1 及塑造黄金的 LoRA GoldenTech，如下图所示，这两个模型均可以根据前言或封底提示信息操作下载。

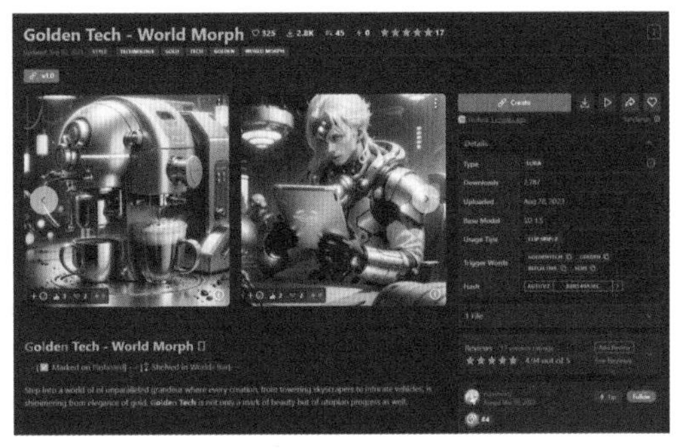

调整 Stable Diffusion 参数

在 SD 中选择大模型 Realistic Vision V5.1，并在正面提示词中输入 <LoRA:GoldenTech-20:0.8>,goldentech,reflective,4K,best quality,nature,forest,waterfull,no human,wide angle,sparkle,winter,blue ice。

在负面提示词中使用嵌入式模型 Deep Negative V1.x EasyNegative。

迭代步数设置为 30，采样方法为 DPM++2M Karras，开启高分辨率修复并将算法确定为 R-ESRGAN 4x+，如下图所示。

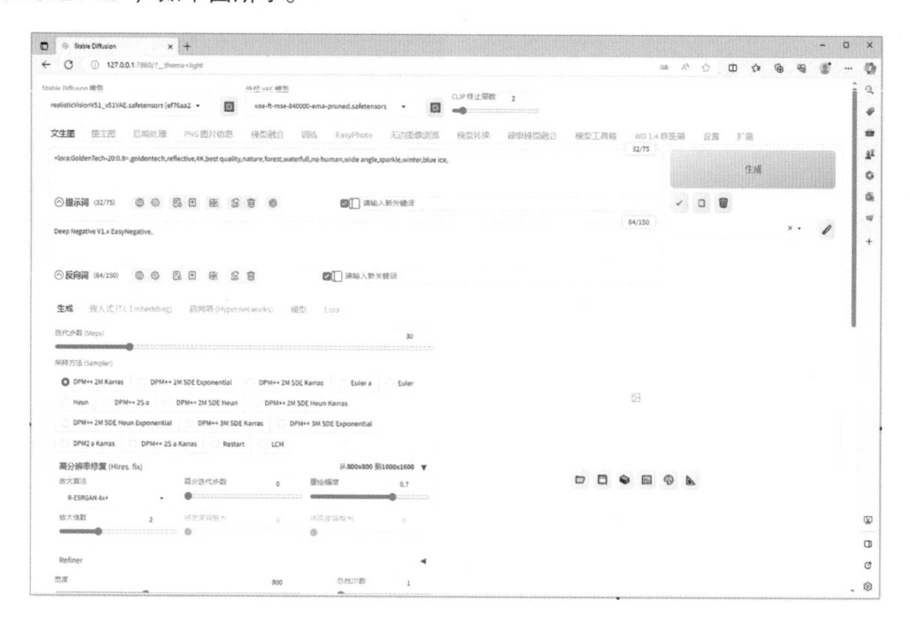

调整 ControlNet 参数

此案例的操作重点是开启 ControlNet，以精确控制成图。

在 ControlNet 中分别点击“启用”“完美像素模式”“允许预览”，并点击上方图像预览框选择开始准备好的黑白素材。

在“控制类型”处要选择“Canny(硬边缘)”选项，此时要注意“预处理器”下拉列表框应该自动选择了 Canny 选项，同时，“模型”也应该是 control_v11p_sd15_canny [d14c016b]。

将“控制权重”设置为 1.6，此数值并不是一个固定值，需要反复尝试，不同的素材、分辨率需要不同的数值，但总体来说，数值越高，ControlNet 对生成图片的控制力越强，同时图像的创意度会越低。

在“控制模式”处选择“更偏向 ControlNet”，此选项也需要尝试。同样地，当选择“更偏向 ControlNet”选 项，ControlNet 对生成图片的控制力越强，图像的创意度会越低。

设置以上参数后界面如下图所示。

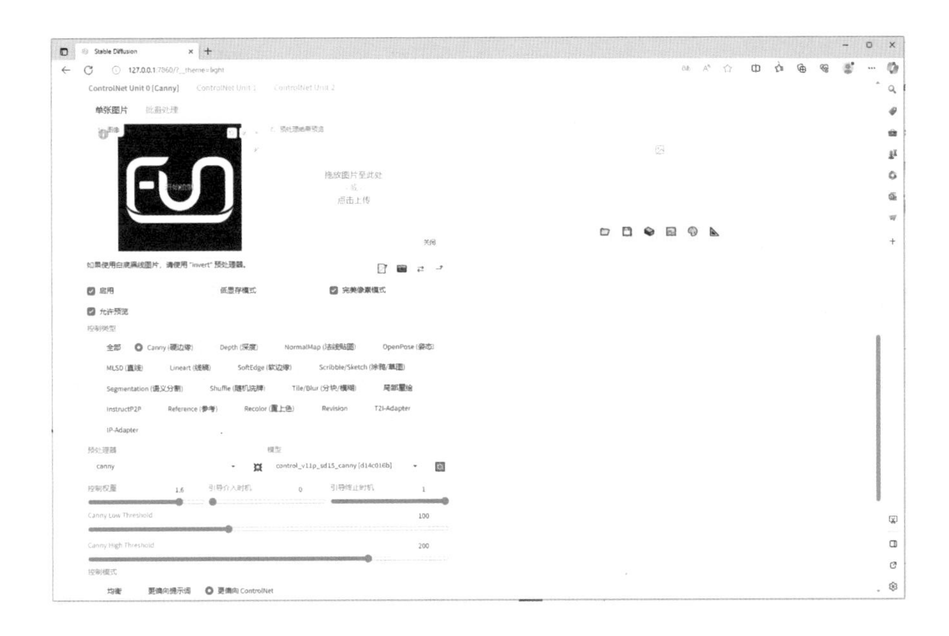

生成基本图像

由于SD生成图像的随机性以及参数变动对最终生成图像的影响较大，完成以上参数设置后，需要反复点击“生成”按钮，从多个生成图像中进行选择，这一过程也被称为抽卡。

下图为笔者使用同样的参数，得到的四种不同效果。

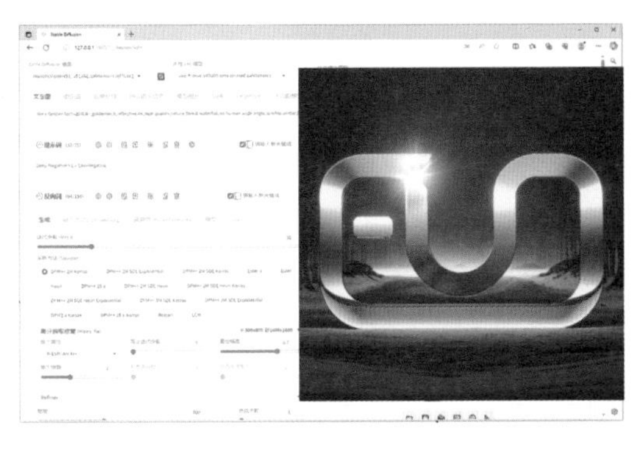

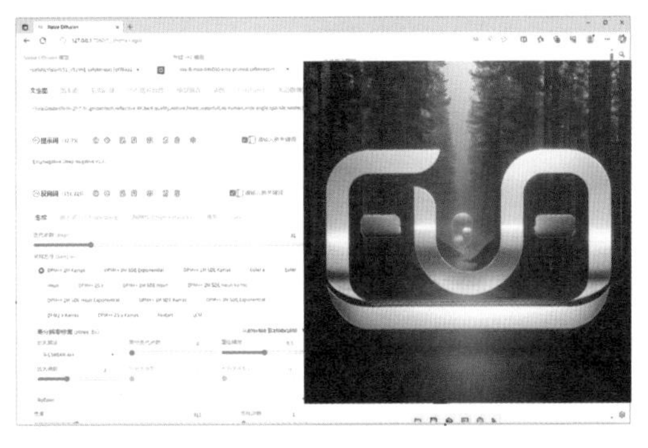

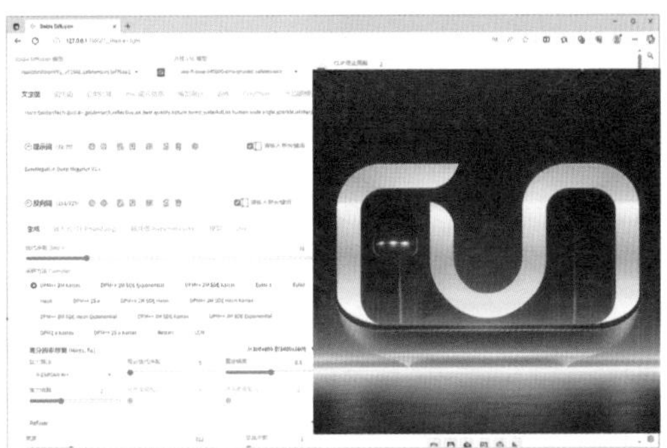

在生成图像的过程中，需要注意的是，没有必要一定要在 SD 中生成完美的图像，在实际工作中，实际上是综合运用 PS 与 SD 的，即在 SD 中生成 90 分的图像后，局部细节完全可以在 PS 中进行修缮，从而以更高的效率完成工作。

以上面展示的四个图像为例，其中有两幅明显多了一个横杠，这样的瑕疵在 PS 中可以轻松解决，下图为处理后的效果。

另外，需要注意的是，如果无法得到令人满意的效果，不要仅仅是反复调整参数，很有可能需要重新制作素材图。例如，左下图为使用小一些的 LOGO 图像制作的效果，右下图为使用较大的 LOGO 图像制作的效果，生成时使用的参数完全一样，可以看出，两者区别很大，前者更贴合笔者的要求。

尝试不同的提示词及参数

如前所述，在具体使用过程中，建议多尝试不同的参数与提示词，下面是笔者的一些尝试，各位读者也可在此基础上进行探索。

玉石材质

获得此效果使用的提示词为 jewelry,prodet photos best quality,4K,UHD,masterpiece,aiguillette,shining jade,translucent,gold,gray background,sparkle。

“控制类型”选择为“全部”，但将“模型”选择为 control_v11f1p_sd15_depth_fp16 [4b72d323]，如下图所示。

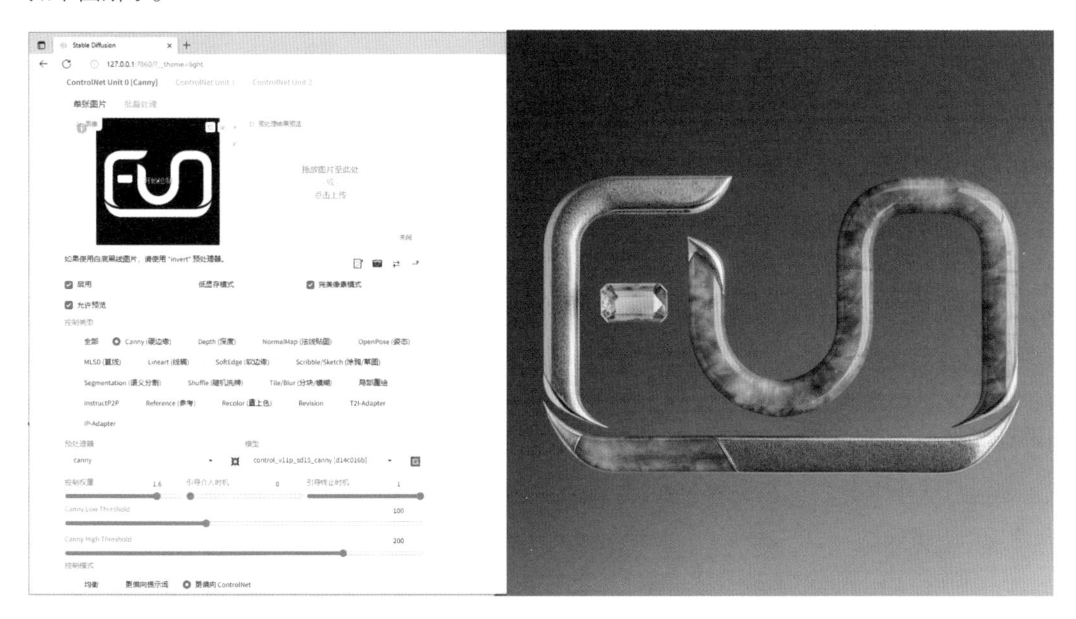

下面是同一参数与提示词下生成的其他不同效果图像。

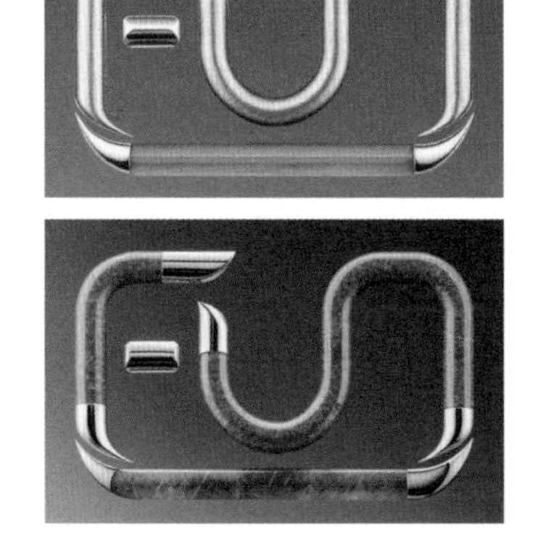
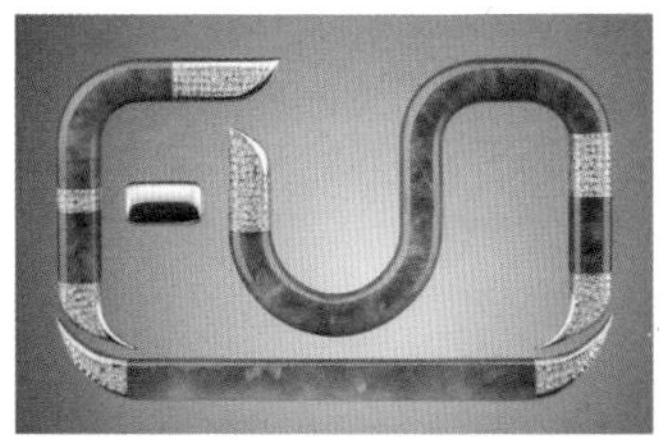

拟物效果

除了可以按上述方法使 LOGO 获得不同的材质外，还可以通过修改提示词使 LOGO 有物体的形态。例如，笔者希望 LOGO 有相机的外形，使用的提示词为 camera,best quality,4K,UHD,masterpiece,white background,sparkle,lens,dslr,。

此时，“控制类型”选择为“Scribble/Sketch(涂鸦/草图)”，“预处理器”设置为 Scribble_pidinet，将“模型”选择为 control_v11p_sd15_scribble_fp16 [4e6af23e]，如下图所示。

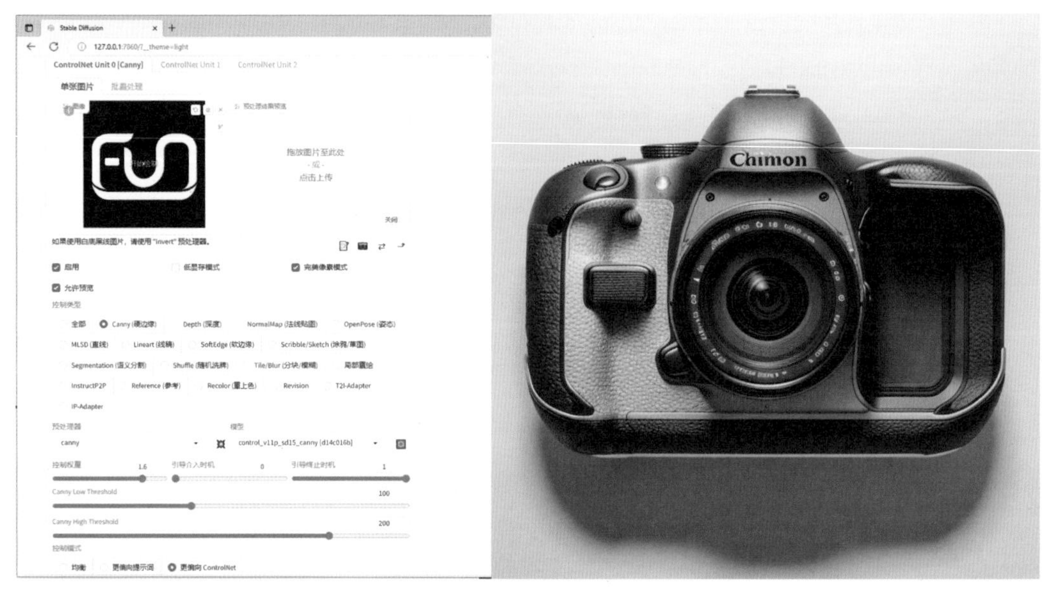

下面是同一参数与提示词下生成的其他不同的效果。

将 LOGO 融入风景

如果在正面提示词中使用与风光有关的字词，则可以将 LOGO 融入风景中。例如，笔者使用的提示词是 best quality,4K,UHD,masterpiece,nature,landscape,mountain,sunset,cloud,wide angle,。

“控制类型”选择为“Scribble/Sketch(涂鸦/草图)”，“预处理器”设置为 Scribble_pidinet，将“模型”选择为 control_v11p_sd15_scribble_fp16 [4e6af23e]，但将“控制权重”设置为 0.85，“引导终止时机”设置 0.8，使 SD 有自由发挥的空间，可得到如下图所示的效果。

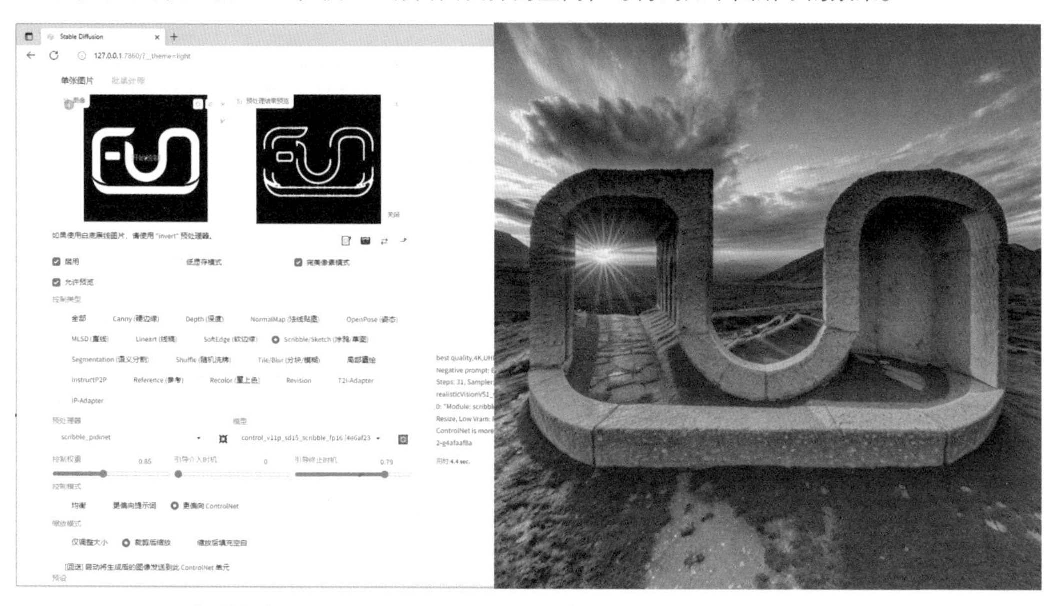

下面是同一参数与提示词下生成的其他不同的效果。

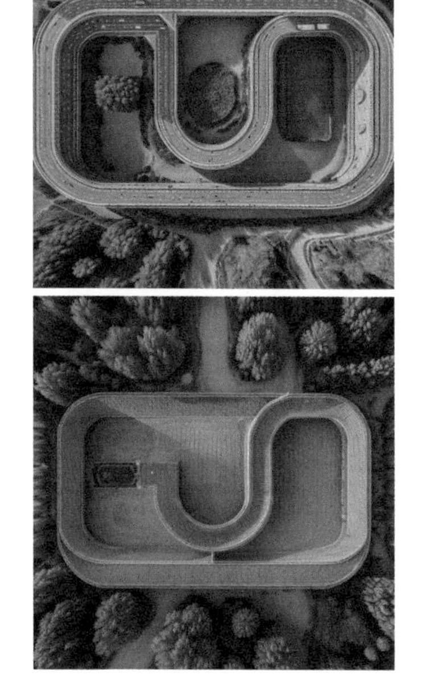

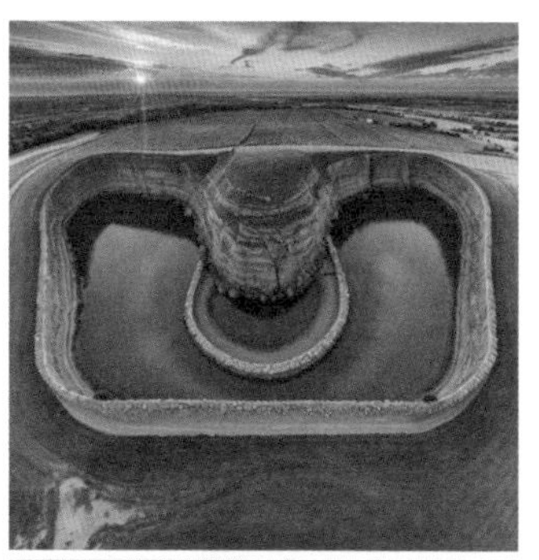

同理，可以将提示词修改为任何想要的风光提示词。例如，笔者在原提示词中添加 china great wall 以及 china great wall,winter,snow,fog 后，得到如下图所示的效果。

笔者在原提示词中添加 floweres,grasslands,tulip, 后，得到如下图所示的效果。

如果在提示词中添加 chinese windows,garden 后，还可以得到如下图所示的效果。

通过上面的示例可以看出，在使用上述操作方法时，可以灵活地在提示词中添加各类创意字词。

融入 LoRA 得到更复杂的效果

为了获得更复杂的效果，在创作时可以尝试融入 LoRA，例如，笔者使用的提示词是 best quality,4K,UHD,masterpiece,scifi,mecha，并加入了两个机甲类型 LoRA，获得完整的提示词 best quality,4K,UHD,masterpiece,scifi,mecha,<lora:XM 机械纪元 _v1.0:0.8>,<lora: 烈焰战魂 _Raging flames_V1:0.6>，这两个 LoRA 可以在 liblib 网站上下载。

“控制类型”选择为“Canny(硬边缘)”，“预处理器”设置为 Canny，将“模型”选择为 control_v11p_sd15_canny [d14c016b]，将“控制权重”设置为 0.8，“引导终止时机”设置为 0.8，使 SD 有自由发挥的空间，可得到如下图所示的效果。

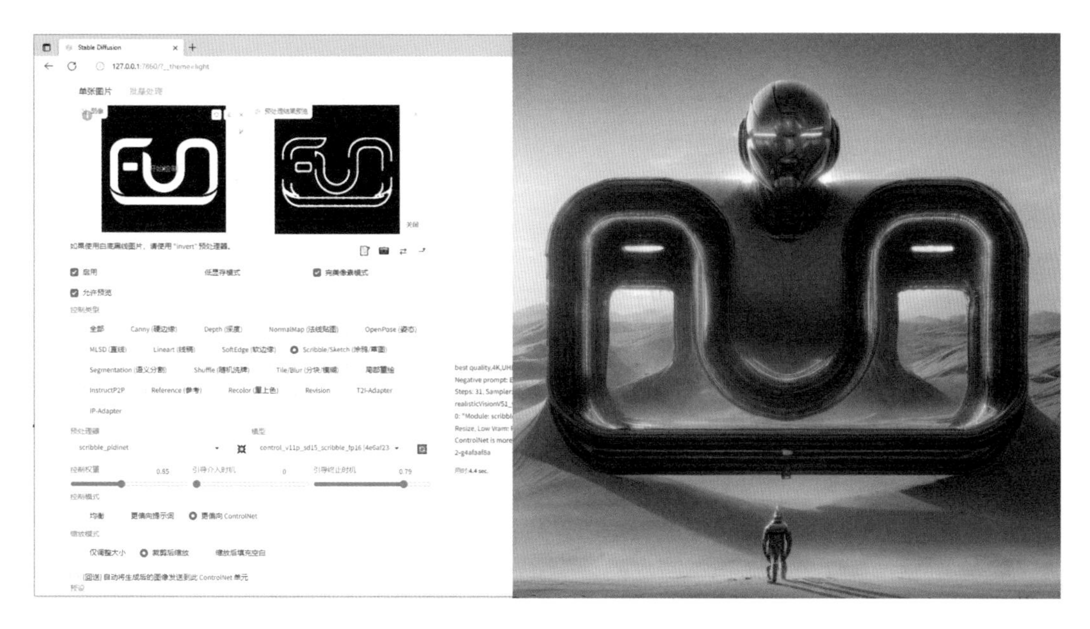

下面是同一参数与提示词下生成的其他不同的效果。

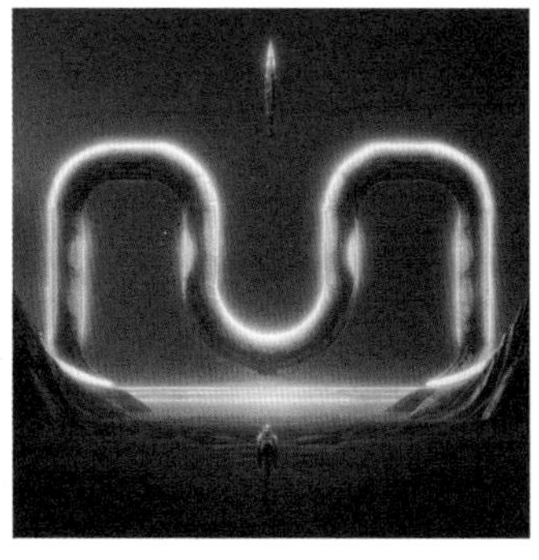

下面是笔者在此基础上又添加了 <lora: 建筑 xsarchitectural_Safetensors:0.8> 后获得的一系列效果，添加此 LoRA 的用意是生成 LOGO 外形、机甲风格的建筑体。

下面是笔者使用发布的不同 LoRA 获得的效果。读者可按前言或封底提示信息操作下载。

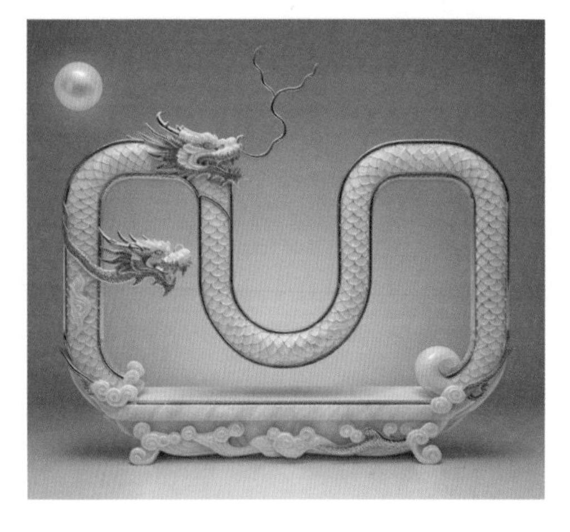

将 LOGO 无形融入景观

在前面的操作过程中，笔者展示的所有效果都是以实体的景物线条来展示 LOGO，但根据需要，我们还可以用无形的线条来展示 LOGO，如下图所示。

例如，在下面的示例图中，天空中较亮的部分与地面的灯光较好地显现出 LOGO 的外形，而要获得这种效果，则必须介绍一个特别的 Controlnet 模型即 controlnetQRPatternQR_v2Sd15 [2d8d5750]，正是在这个模型的控制下，LOGO 才被无形地融入了景观。

在此，笔者使用的提示词为 best quality,4K,UHD,masterpiece,city street,night，Control net 部分的设置如下图所示。

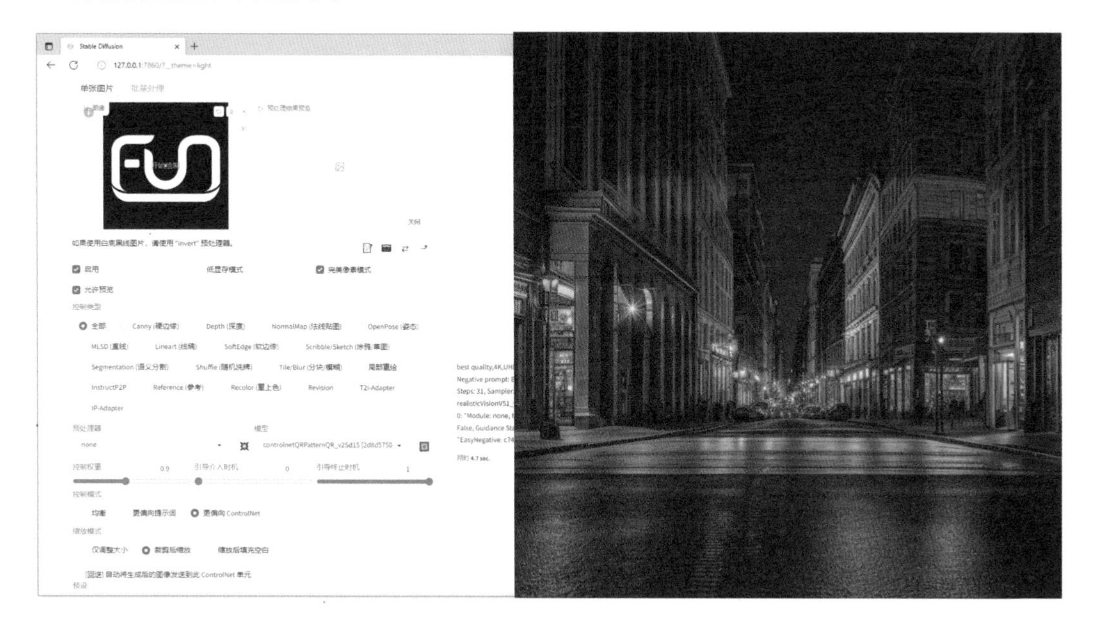

下图所示为笔者使用提示词 best quality,4K,UHD,masterpiece,tree,winter 时获得的效果。

按同样的方法，还可以将 LOGO 融入人物场景，下图所示为笔者使用提示词 best quality,4K, UHD,masterpiece,1girl ,red formal suit,coffee shop 时获得的效果。为了获得更好的人物效果，在此，笔者将 SD 的底模更换为 majicmixRealistic_v7.safetensors [7c819b6d13]。

在操作时，如果感觉 LOGO 不够明显，可以提高 controlnet 的权重，反之，如果感觉 LOGO 过于明显，可以降低权重。

第 10 章

海报广告设计、产品设计及视频制作商业应用

用 Midjourney 制作冰箱创意广告

绝大多数创意表现类型的广告，均以令人拍案叫绝的创意图像为宣传突破点，让消费者“一见倾心”。MJ 具有强大的创意图像生成功能，本例中，笔者正是利用 MJ 这一特点制作了一个冰箱广告创意图片。

广告的主体图像是一个类似于鸡腿的草莓，或也可称其为有草莓外表的鸡腿，用于表示两种食物相互串味，而广告宣传的产品正是能够杜绝串味的新保鲜冰箱，下面是具体操作步骤。

1. 进入 MJ 的操作界面，在命令行输入 /imagine，并输入提示词 a chicken legs with strawberry surface,white background --v 5.1 --ar 3:2 --style raw，得到如左下图所示的四张图像。

2. 在这四张图中，左下角的图像最贴近要求，所以点 V3 按钮，以在此基础上产生变化图像，得到右下图所示图像。

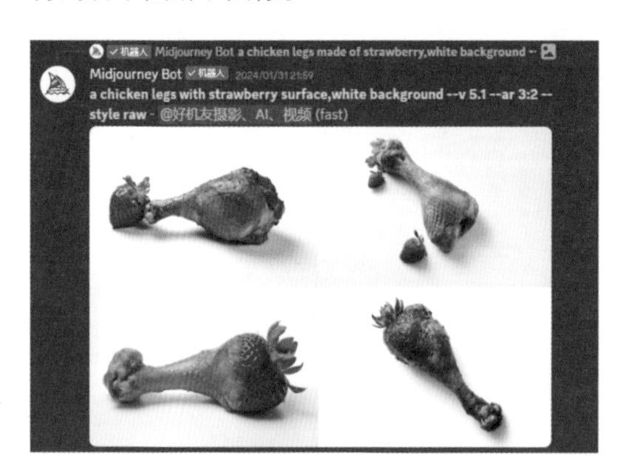

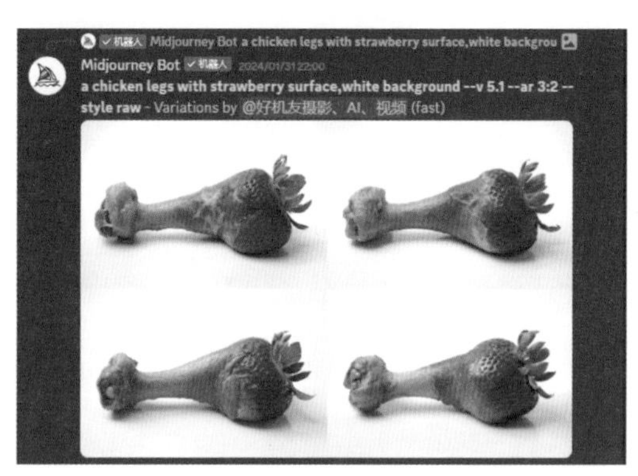

3. 在这四张图中，右下角的图像形态最完整，所以点 U4 按钮，以获得大尺寸图像，如左下图所示。

4. 将此图像保存至本地，并在 Photoshop 等软件中打开，添加需要宣传的主体产品图像及广告词，即可得到如右下图所示的完整广告。

用 Midjourney 制作创可贴创意广告

本例同样是一个使用 MJ 来制作的创意广告，主体图像是一个贴着创可贴的绿巨人拳头，这个图像寓意为，即便是强壮如绿巨人，也可以使用广告宣传的创可贴产品，下面是具体操作步骤。

1. 寻找一个完整的创可贴素材图像，在进入 MJ 的操作界面后，按本书第 4 章所讲述的在 MJ 中以图生图方式进行创作的方法，将此创可贴素材图像上传成为参考图像，如左下图所示。

2. 点击上传后的创可贴图像，获得其链接地址。

3. 在命令行输入 /imagine，先粘贴上一步获得的地址，然后输入提示词 fist Close-up, Marvel's Hulk has a new small Band-Aid on his finger, fire and smoke background --ar 2:3 --v 6.0 --iw 0.5 --style raw，得到如右下图所示的四张图像。

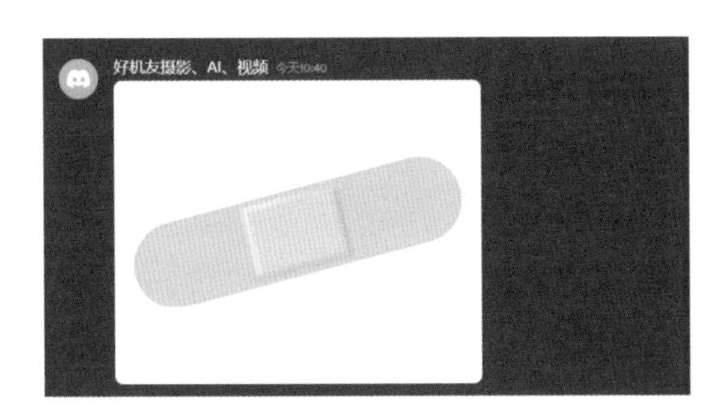

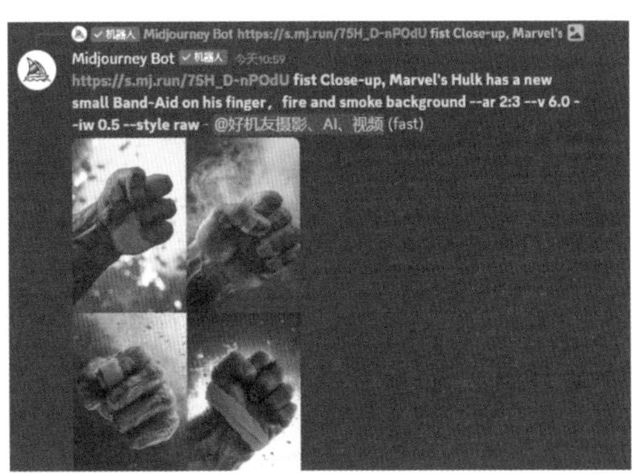

4. 在这四张图中，左下角的图像最贴近要求，所以点 V3 按钮，以在此基础上产生变化图像，得到右下图所示的图像。

5. 在四张图中，右下角图像形态最完整，所以点 U4 按钮，获得如中下图所示的大尺寸图像。

6. 将此图像保存至本地，并在 Photoshop 等软件中打开，添加需要宣传的主体产品图像及广告词，即可得到如右下图所示的完整广告。

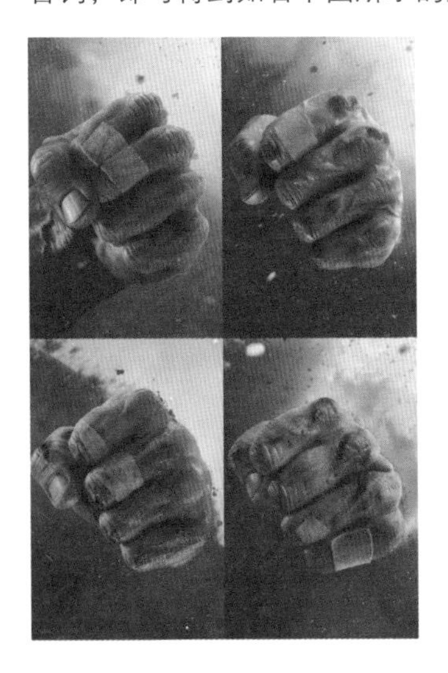

用 Stable Diffusion 按需生成各类设计素材图

利用 SD 强大的文生图与图生图功能，创作者可以根据自己的需要，搭配组合不同的模型生成灵活多样的设计素材画，尤其可以轻松获得以往需要手绘的插画，这便大大降低了插画绘制的门槛，即便没有太多美术基础，也可以利用 SD 生成各种不同风格、不同主题的插画作品。

这里以龙年海报插画为例讲解基本操作步骤。

1. 生成海报的素材图重点是找到适合海报内容的 LoRA 模型，这里用到了两个 LoRA 模型，分别为“新春 - 龙与少年”“盛世新春 - 迈向新生”，如下图所示。

两款模型可按前言或封底提示信息操作下载。

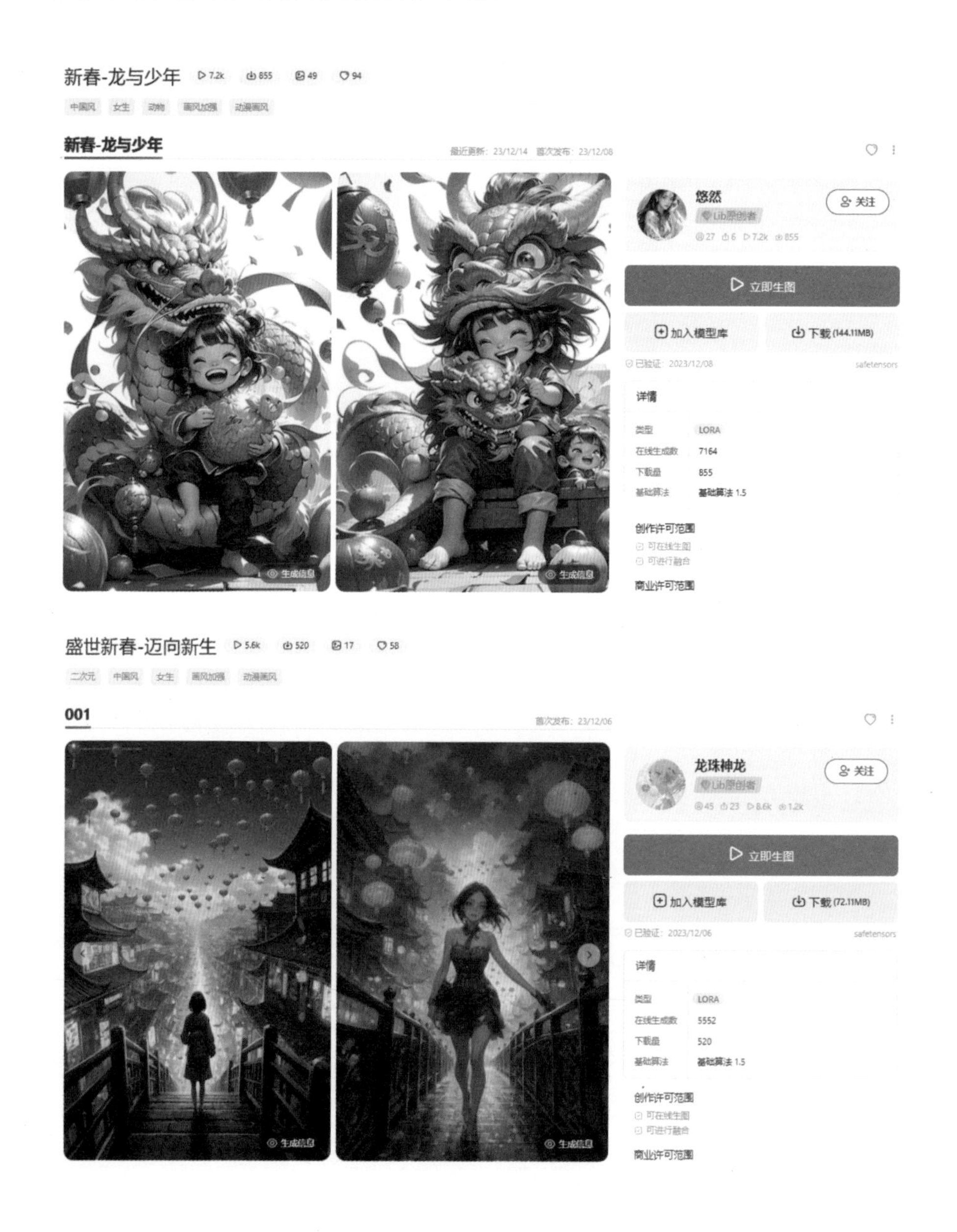

2. 将底模切换为写实类模型，这里选择的是 XXMix_9realistic_v4.0_v4.0.safetensors ，外挂 VAE 模型选择 vae-ft-mse-840000-ema-pruned.safetensors，这里提示词的内容比较重要，海报素材图中出现的内容要尽可能地描述出来，这样生成的图片才能符合预期的效果，这里填入的是“light volume,gradient background,best quality,masterpiece,ultra high res,(chinese dragon:1.2),Festive lantern,petals,lantern,Auspicious clouds,barefoot,goldfish,Chinese knot,confetti,open mouth,long hair,smile,riding on the dragon's head,sky,palace,new year,”，如下图所示。

3. 添加下载好的“新春 - 龙与少年”“盛世新春 - 迈向新生”LoRA 模型，权重分别设置为 0.8 和 0.4，如下图所示。

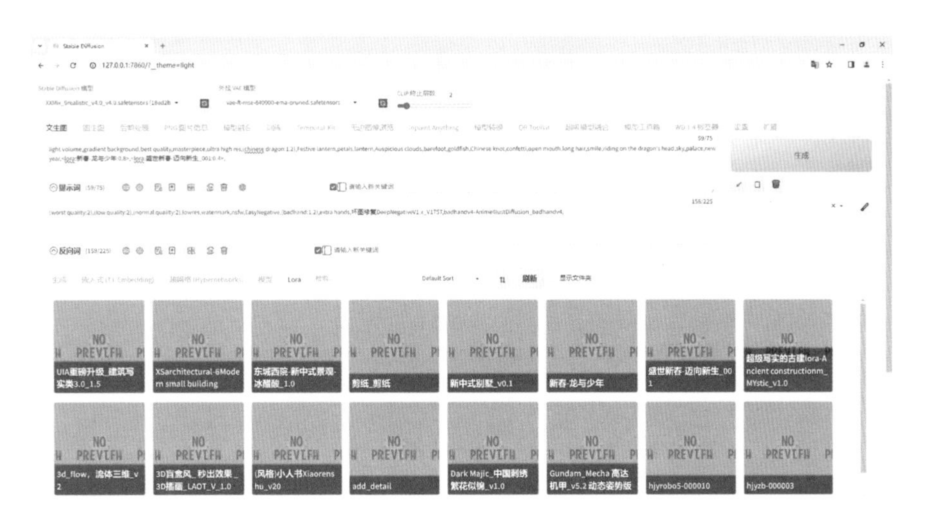

4. 迭代步数设置为 30，采样方法选择 DPM++ 2M Karras，尺寸设置为 512 × 768，提示词引导系数设置为 7，开启高分辨率修复，放大算法选择 4x-UltraSharp，高分迭代步数设置为 30，重绘幅度设置为 0.3，放大倍数设置为 2，单批数量设置为 4，单次出图数量多一点，可以更好地筛选质量好的图片，其他设置默认不变，如下图所示。

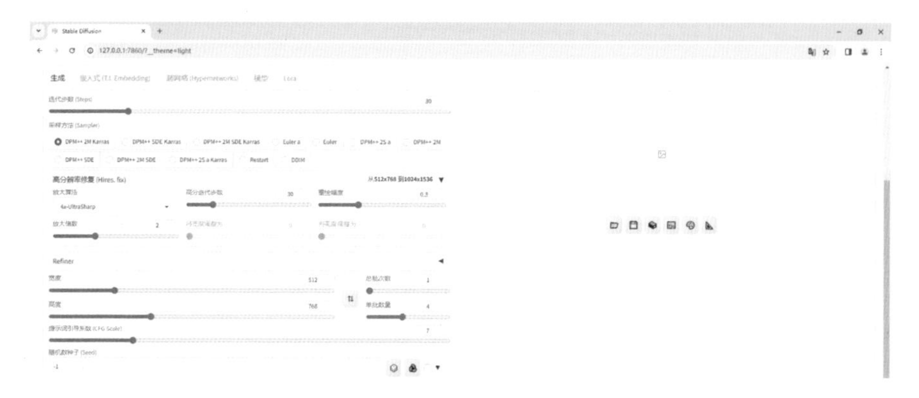

5. 点击“生成”按钮，龙年海报素材图就生成了，如下图所示。从生成的素材图中挑选一张效果最为满意的，再通过 Photoshop 或其他软件添加文字与修饰性元素，即可完成海报制作。

需要特别指出的是，除了使用 Stable Diffusion 外，也可以使用本书第 4 章讲解的 MJ 出图方法来生成各类插画素材底图，例如，右下图为笔者使用提示词 a business illustration of deal concept, blue color, by freepik, vector art, white background, financial success, upward trend, profit, economy, clean lines, dynamic, infographics, --v 5 --s 600 --ar 3:2 所生成的。

用 Stable Diffusion 整体微调 Midjourney 图像

MJ 生成图片的优点在于创意性与发散度非常高，但也有明显的缺点即可控性不高，而这恰恰是 SD 的优点。在 SD 中，除了可以使用 ControlNet 精确控制图像的外形外，还可以利用图生图、局部重绘、各种参数控制图像的细节。

因此，在实际工作流程中，往往需要先使用 MJ 生成可供精加工的方案，再于此基础上使用 SD 或 Photoshop 等软件进行深度加工，最终获得需要的成品。在使用 SD 对图像进行调整时，分为整体调整与局部微调，下面展示的是两个整体调整的案例。

第一个案例展示的是对一款珠宝产品的微调，下方左侧的图像为使用 MJ 生成的原图，将此图像导入 SD 的图生图界面后，通过将“重绘幅度”设置为 0.5，并不断生成图像，即可得到大量与原图结构相似、但细节不同的珠宝设计方案，如下方中间和右侧两图。

第二个案例展示的是两个拳头相互撞击的创意图像，其中左下图为使用 MJ 生成的原图像，此图像的问题在于写实程度不足，且图像中闪电与云彩元素不够明显。

因此将其导入到 SD 的图生图界面，选择一款写实大模型，输入合适的正面提示词，将“重绘幅度”设置为 0.55，并将此图像导入 ControlNet 控制图模块，使用 Canny 模型，接下来只需要不断生成图像，即可得到与原图结构相似，但更写实、有更多细节的图像，如右侧组图所示。

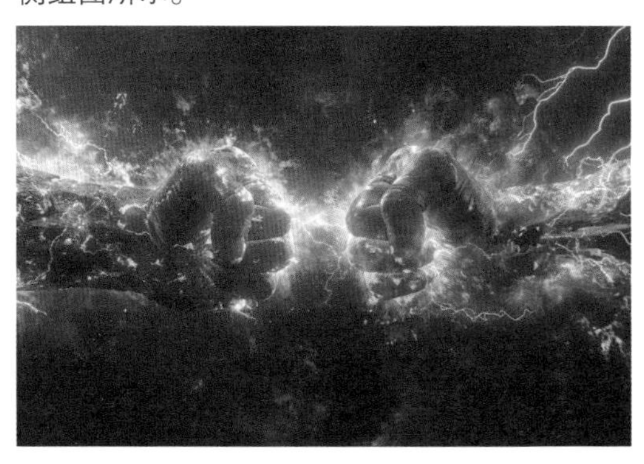

用 Stable Diffusion 局部微调 Midjourney 图像

上一节讲解了使用 SD 对 MJ 的图像进行整体微调的方法，下面展示的是使用 SD 对 MJ 进行局部微调的案例。在实现过程中使用到了前面章节讲解过的 SD 局部重绘功能。

第一个案例展示的是通过重绘瓶子的外部来更换背景。其中下方左侧有黑框的图像为 MJ 生成的原素材，下方右侧图为 SD 局部重绘工作界面，接下来的三张图为重绘后的效果。

此方法也常用于为电商产品更换背景。

下面展示的是将龙头的红色眼睛更换为绿色，使用到的同样是 SD 的局部重绘功能。

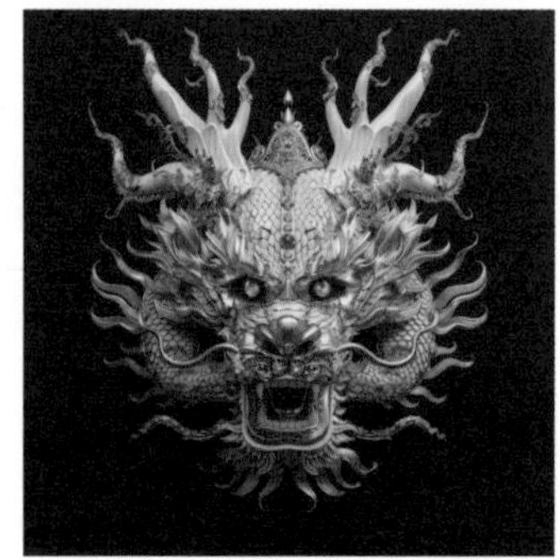

用 Stable Diffusion 制作茶叶广告

在传统的广告制作流程中，需要从图库购买适合的素材，然后再使用 Photoshop 对这些素材进行加工合成处理，此过程不仅涉及昂贵的图片购买成本，而且还对广告创意制作人员的图像合成、加工处理能力提出了很高的要求。

如果能够熟练掌握 SD，则可以用更低的成本、更高的效率完成广告制作流程。下面以一则以茶广告为例演示具体操作。此广告的创意是将茶杯飘出来的香味具象化为自然地貌，用于突出茶叶源于大自然、香飘万里的核心卖点。

1. 先制作一个茶杯。打开 PS，绘制一张茶杯形状的白底图，如下图所示，将图片导出到本地。

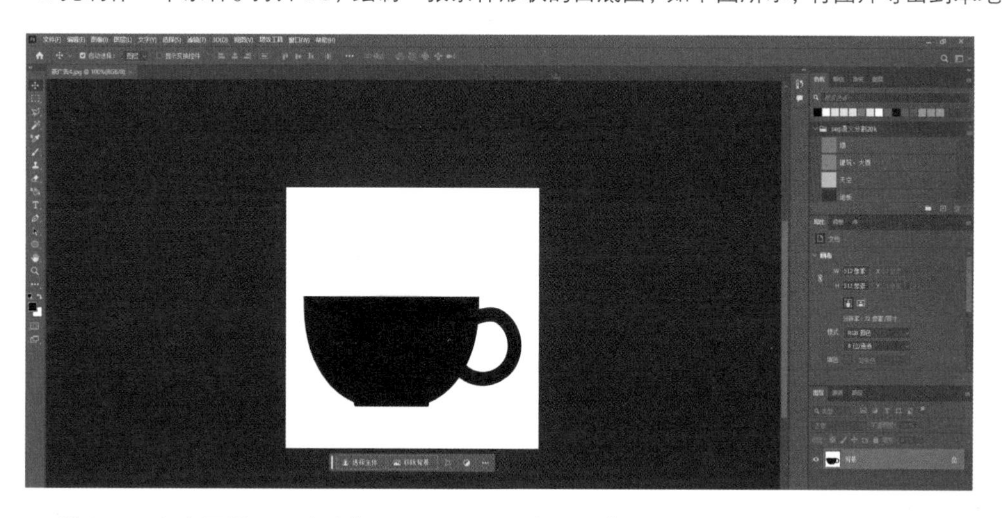

2. 进入 SD 文生图界面，点击打开 ControlNet 选项，进入 ControlNet 单元 0 单张图片界面，勾选“启用”“完美像素模式”“允许预览”，点击上传绘制好的茶杯形状图，如下图所示。

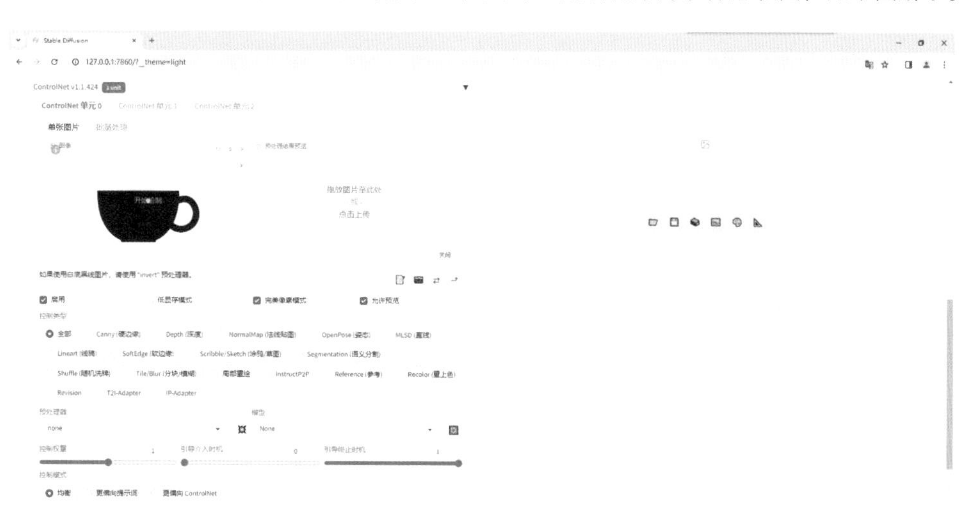

3. 将 ControlNet 控制类型选择 Canny（硬边缘），预处理器选择 canny，模型选择 control_v11p_sd15_canny，其他参数默认不变，点击 ¤ 按钮，生成了茶杯的线稿图，如下图所示。

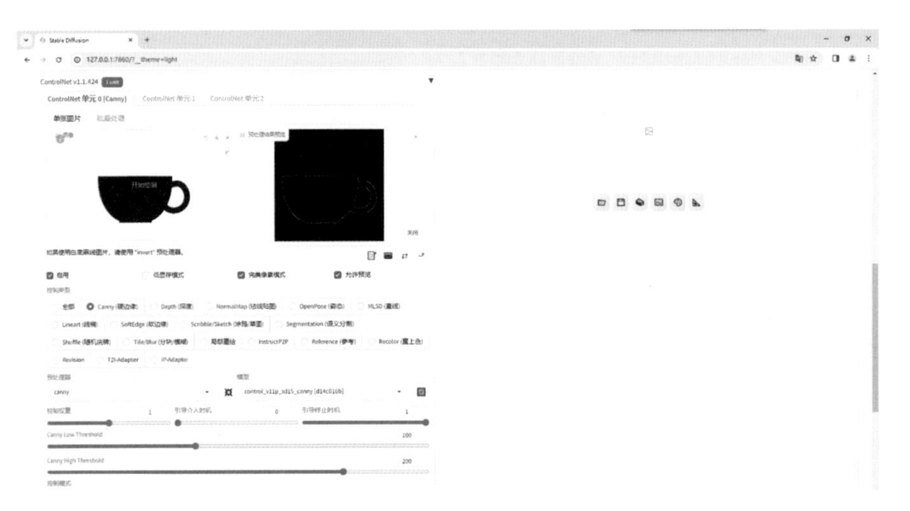

4. 选择一个真实系大模型，这里选择的是 majicmixRealistic_v7.safetensors，外挂 VAE 模型选择 vae-ft-mse-840000-ema-pruned.safetensors，填入对茶杯描述的提示词，再补充一些画面质量的提示词，这里填入的是“best quality,4K,UHD,masterpiece,((white Tea cup)),right side view,no human,((gray background)),look at the front horizontally,soft light,”，如下图所示。

5. 将“迭代步数”设置为 31，“采样方法”选择 DPM++ 2M Karras，确保图像尺寸与茶杯形状图保持一致，这里是 512×512，“提示词引导系数”设置为 7，如左下图所示。

6. 点击“生成”按钮，广告海报中的茶杯部分就完成了，如右下图所示，将图片保存到本地。

7. 下面要制作茶叶飘香的参考图片。打开 PS，用不同的绿色、蓝色、白色进行绘制，目的是用绿色控制森林、蓝色控制天空、白色控制云彩，最终如下图所示，将图片导出到本地。

8. 进入 SD 图生图界面，在图生图选项点击上传上一步绘制的图片，选择一个真实系大模型，这里选择的是 majicmixRealistic_v7.safetensors，外挂 VAE 模型选择 vae-ft-mse-840000-ema-pruned.safetensors，填入对山涧飘香描述的提示词，再补充一些画面质量的提示词，这里填入的是“masterpiece,best quality,white cloud,sky,mountain,tree,forest,river,mountain valley,(fog:0.8),Large area sky,”，如左下图所示。

9. 点击打开 ControlNet 选项，进入 ControlNet 单元 0 界面，勾选“启用”，控制类型选择 Canny（硬边缘），预处理器选择 canny，模型选择 control_v11p_sd15_canny，控制权重设置为 0.25，Canny Low Threshold 设置为 31，Canny High Threshold 设置为 31，控制模式选择更偏向 ControlNet，并上传第 7 步绘制的图片为控制参考图，其他参数默认不变，如右下图所示。

10. 将“迭代步数”设置为30，“采样方法”选择DPM++ 2M Karras，重绘尺寸设置为1024×1536，“提示词引导系数”设置为10，“重绘幅度”设置为0.7，其他参数默认不变，如左下图所示。

11. 点击“生成”按钮，由自然地貌模拟的茶叶飘香图片就生成了，如下图所示。

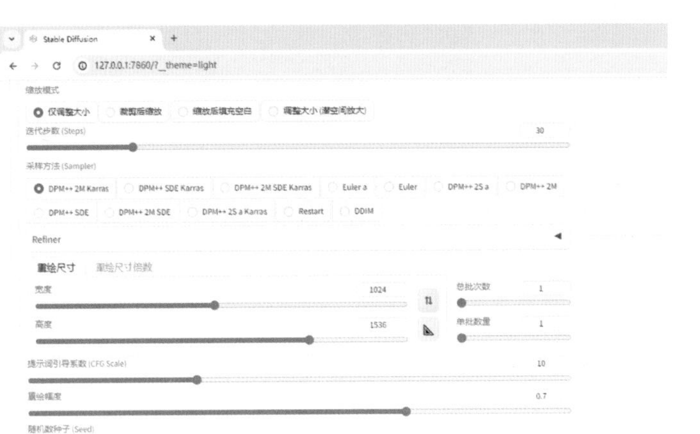

12. 在Photoshop中打开上面操作生成的茶杯图片和茶叶香图片，将茶杯选取后移动到茶叶飘香图中，再输入相应的广告语，一张茶叶的广告海报图就完成了，如右下图所示。

13. 需要特别提示的是，在操作过程中，第7步绘制的参考控制图并不是就一蹴而就的，需要不断调整，笔者在操作此案例时也是前前后后共绘制了5幅不同的图像，才最终得到了令人满意的效果。

用 Stable Diffusion 通过动漫转真人生成广告素材

将二次元图片真人化可以实现从虚构到现实的跨越，这种转化过程可以满足人们对于将二次元角色或场景在现实生活中具象化的渴望。例如，通过这种方式，厂商可以将二次元爱好者喜爱的角色转化为真实的人像，以进一步增强他们与角色之间的情感联系，为品牌营销打好基础。

下面展示使用 SD 将二次元图片真人化的操作步骤。

1. 准备一张动漫人物图片，进入 SD 图生图界面，在图生图选项点击上传准备好的动漫人物图片，选择一个真实感的大模型，这里选择的是“majicmixRealistic_v7.safetensors”，点击“DeepBooru 反推”按钮，使用 SD 的提示词反推功能，从上传的图片中反推出正确的提示词，再补充一些画面质量的提示词，这里填入的是“realistic,Fujifilm XT3,8k uhd,high quality,highly detailed CG unified 8K wallpapers,(professional lighting),depth of field,(((1 girl))),(medium breasts:),((upper body:0.7)),half body photo,female solo,(dress:1.3),blue earrings,blue jewelry,off-shoulder white shirt,(at beach),blonde hair,photorealistic:1.3,(((straight from front))),(HQ skin:1.3, shiny skin),dslr,soft lighting,film grain,nangongwan,red lips,”，如下图所示。

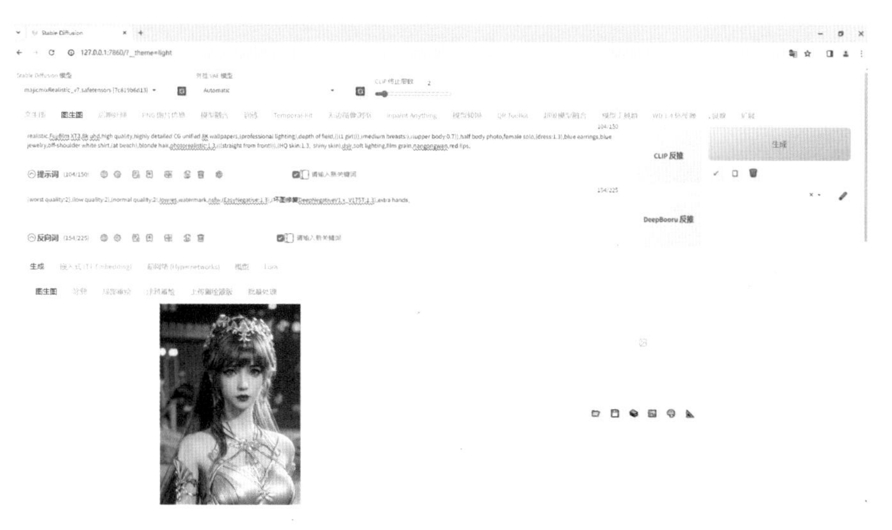

2. 点击打开 ControlNet 选项，进入 ControlNet 单元 0 单张图片界面，勾选“启用”“完美像素模式”“允许预览”“上传独立的控制图像”，点击上传动漫人物图片，如下图所示。

3.ControlNet 控制类型选择 Canny（硬边缘），预处理器选择 canny，模型选择 control_v11p_sd15_canny，其他参数默认不变，点击¤按钮，生成预览图，如右图所示。

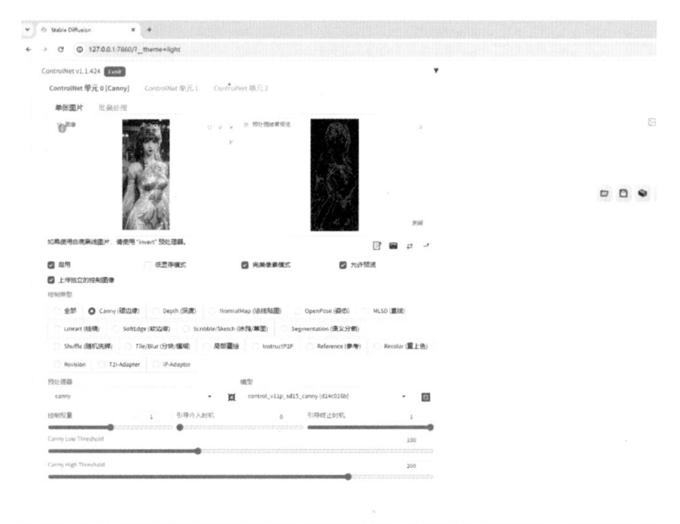

4. 缩放模式选择仅调整大小，迭代步数设置为 25，采样方法选择 DPM++ 2M Karras，尺寸与原图保持一致，这里是 840 × 1920，提示词引导系数设置为 7，重绘幅度这里调高一点，设置为 0.7，其他设置默认不变，如右图所示。

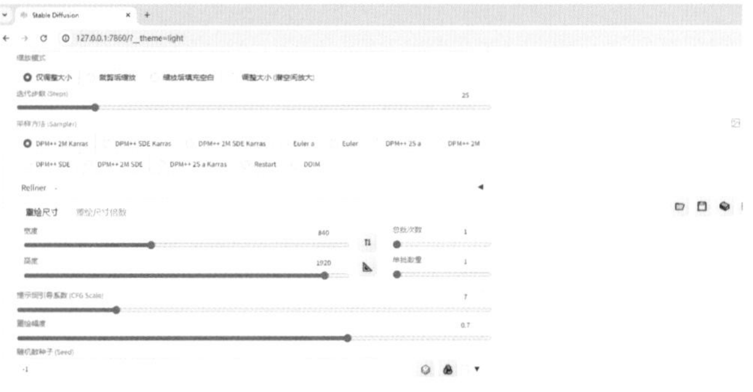

5. 点击“生成”按钮，动漫人物转真人的图片就制作完成了，如左下图所示，接下来，按需要添加海报、广告设计元素即可。不同的动漫人物转真人只需更换合适的大模型以及简单调整提示词即可，右下方展示的是另外的实战效果。

用 Stable Diffusion 通过真人转动漫生成海报素材

真实照片转二次元是当前流行的社交媒体玩法。利用 SD 将真实照片转换成为具有艺术感的二次元图片后，可以更加个性化地展示自己或产品。同时，利用这种技术还可以操作虚拟偶像和虚拟代言人，为品牌营销和推广提供新的思路和方式。

1. 准备一张真人图片，进入 SD 图生图界面，在图生图选项点击上传准备好的真人图片，选择一个动漫风格的大模型，这里选择的是“日式动漫风格 _v1.0.safetensors”。

读者可按前言或封底提示信息操作下载模型。

2. 点击“DeepBooru 反推”按钮，使用 SD 的提示词反推功能，从上传的图片中反推出正确的提示词，再补充一些画面质量的提示词，这里填入的是“high-definition picture quality,fine details,8K,1boy,jacket,motorcycle,motor vehicle,ground vehicle,pants,facial hair,shirt,solo,outdoors,white shirt,leather,night,leather jacket,black jacket,boots,black pants,blurry,looking at viewer,short hair,open jacket,blurry background,open clothes,black footwear,black hair,full body,brown hair,realistic,beard,denim,”，如下图所示。

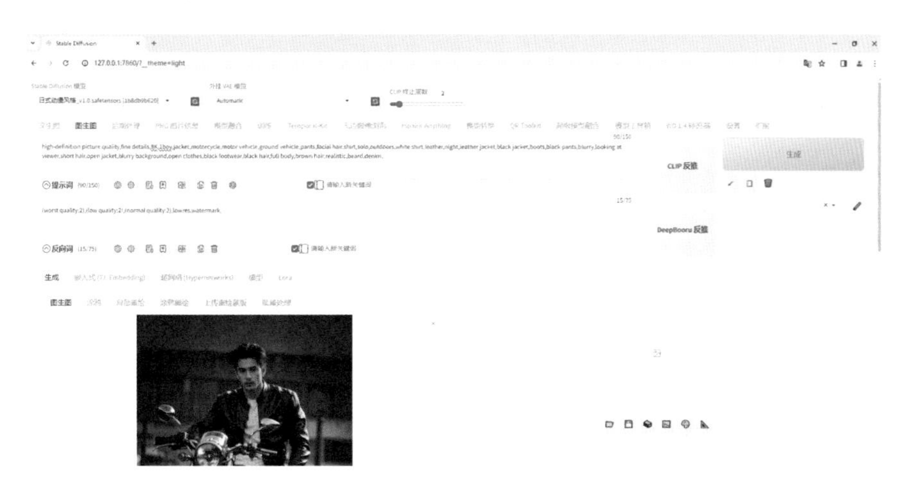

3. 点击打开 ControlNet 选项，进入 ControlNet 单元 0 单张图片界面，勾选“启用”“完美像素模式”“允许预览”“上传独立的控制图像”，点击上传真人图片，如下图所示。

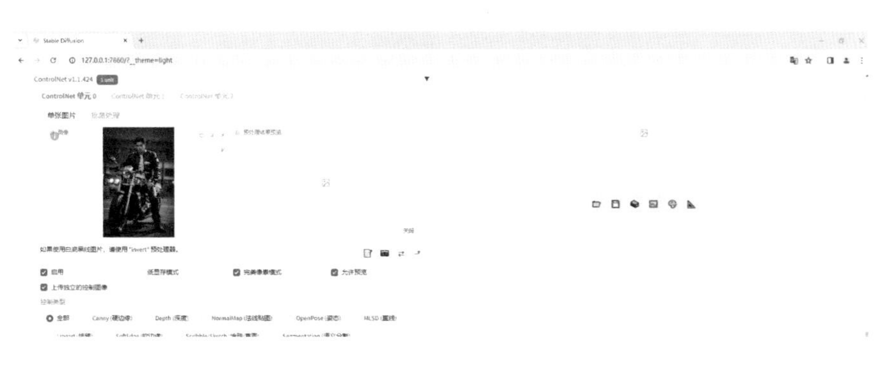

4.ControlNet 控制类型选择 Lineart（线稿），预处理器选择 lineart_realistic，模型选择 control_v11p_sd15_lineart_fp16，其他参数默认不变，点击 ¤ 按钮，生成预览图，如右图所示。

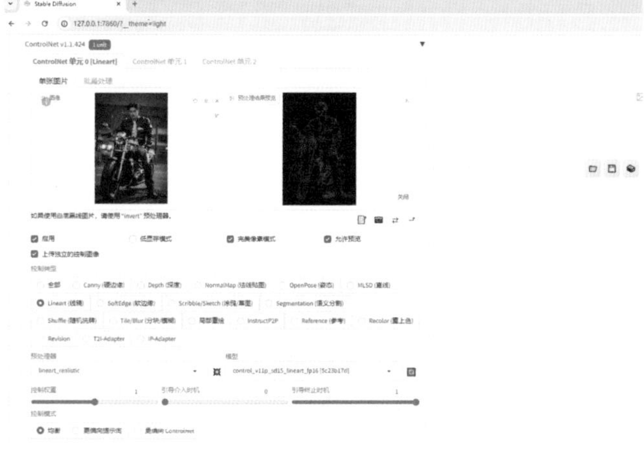

5. 缩放模式选择仅调整大小，迭代步数设置为 20，采样方法选择 Euler a，尺寸与原图保持一致，这里是 1024×1536，提示词引导系数设置为 7，重绘幅度调高一点，设置为 0.7，其他设置默认不变，如右图所示。

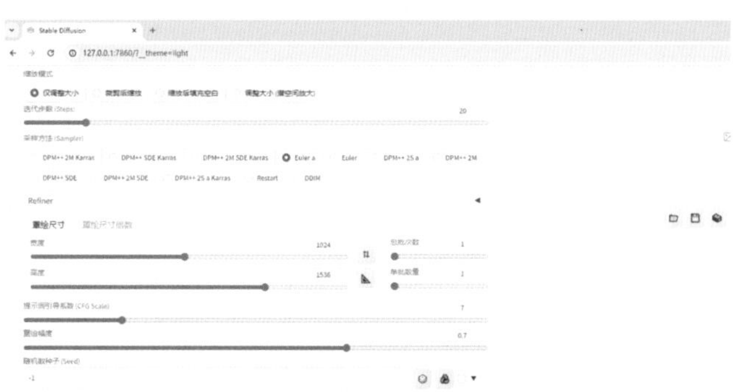

6. 点击“生成”按钮，真人转动漫的图片就制作完成了，如左下图所示，接下来按需要添加海报、广告设计元素即可。想要转换不同风格的动漫，只需更换合适的大模型以及简单调整提示词即可，右下方展示的是另一个唯美风格的真人转动漫图片效果。

用 Stable Diffusion 设计并展现 IP 形象

基于AI技术可以创作出具有独特形象和风格的IP角色或形象，这些IP可以应用于各种领域，如动漫、游戏和文学等。相比传统的手绘IP，AI绘画IP具有更高的创作效率和多样性，可以满足不同受众的需求。这里以3D超人为例，具体讲解设计步骤。

1. 生成IP形象最重要的是，选择一个合适的底模，使用写实类型和动漫类型的底模效果都不太理想，这里推荐一款专门为IP形象设计训练的底模“IP DESIGN | 3D可爱化模型”，如下图所示。

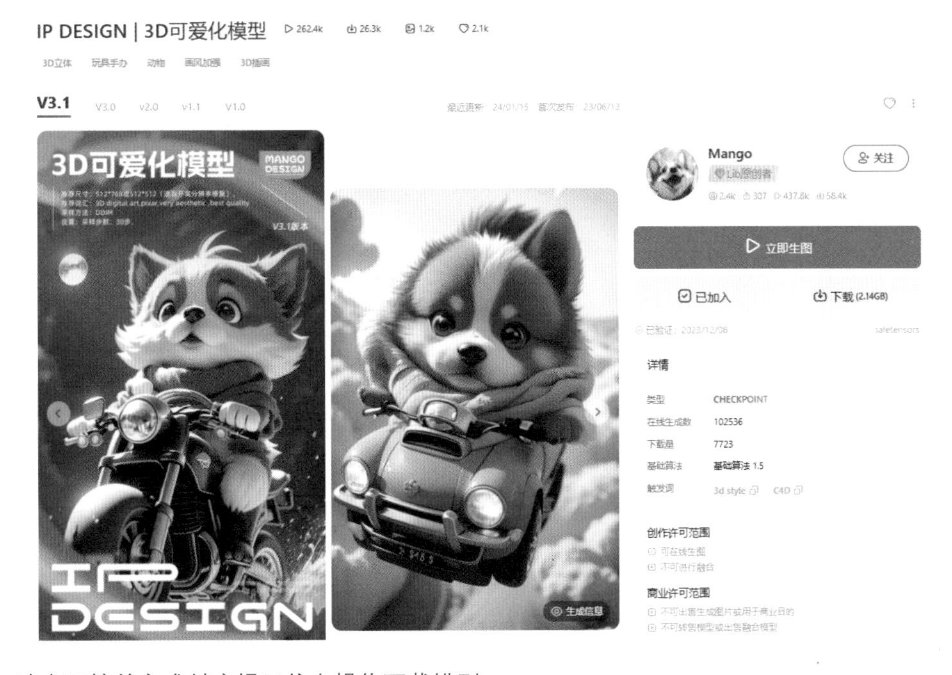

读者可按前言或封底提示信息操作下载模型。

2. 进入SD文生图界面，将底模切换为IP DESIGN _ 3D可爱化模型 _V3）1.safetensors，在提示词中填入对IP形象和图片质量的描述，这里填入的是“pixar,3D,C4D,HDR,UHD,16K,Highly detailed,best quality,masterpiece,chibi,solo,full body,standing,1boy,superman,capelet,close-up,”，如下图所示。

3. 迭代步数设置为30，采样方法选择Euler a，尺寸设置为512×768，提示词引导系数设置为7，开启高分辨率修复，放大算法选择4x-UltraSharp或R-ESRGAN 4x+，高分迭代步数设置为30，重绘幅度设置为0.3，放大倍数设置为2，其他设置默认不变，如右图所示。

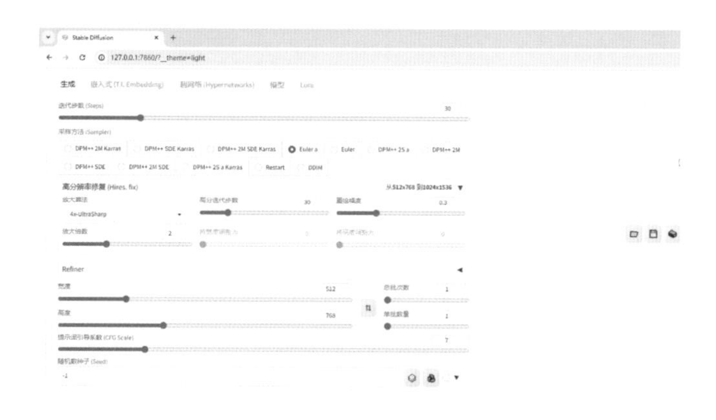

4. 准备一张人物姿态图片，点击打开ControlNet选项，进入ControlNet单元0单张图片界面，勾选“启用”“完美像素模式”“允许预览”，控制类型选择OpenPose（姿态），点击“Upload JSON”按钮上传姿态图片，其他参数默认不变，如右图所示。

5. 点击“生成”按钮，一个Q版并且按照指定姿态的超人形象就生成了，如左下图所示。除人物外，按此方法还可以生成动物、机器人等形象，下方展示的另外两个图均是按上述方法生成的。

用 Stable Diffusion 快速设计出新款珠宝

珠宝设计是一个较小的门类，在设计时可以使用 MJ，也可以使用 SD。常见的设计思路是，先在 MJ 中依据珠宝设计理念生成大量方案，再将其中令人满意的方案导入 SD 中进行整体微调或局部微调，也可以直接在 SD 中使用训练好的 LoRA 进行设计，下面展示一个具体案例。

1. 设计新款产品的核心在于选择正确的底模与 LoRA 模型，这里用到了“好机友珠宝”LoRA 模型，如下图所示。

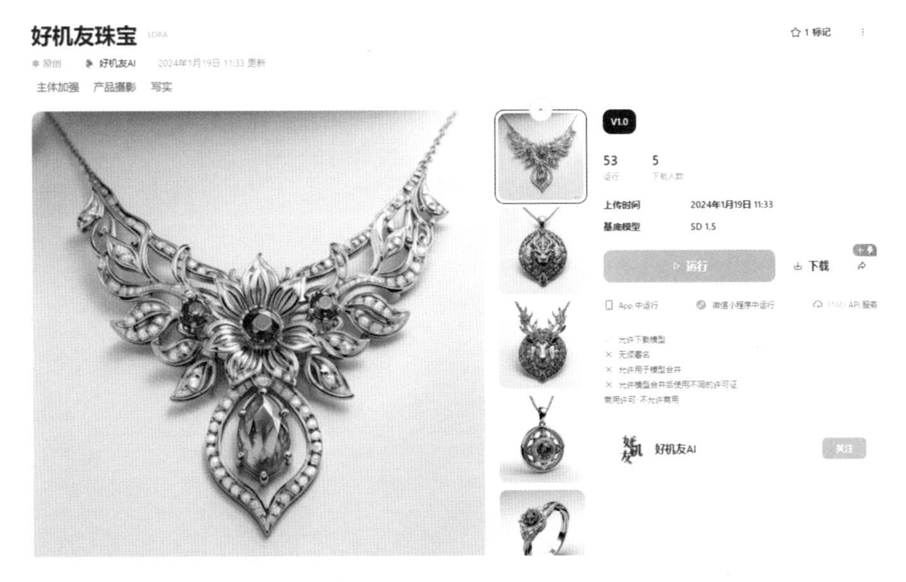

读者可按前言或封底提示信息操作下载模型。

2. 进入 SD 文生图界面，选择一个真实感的大模型，这里选择的是“majicmixRealistic_v7.safetensors ”，这里提示词填写的内容就是设计产品的描述，提示词越详细，预期会越接近，这里想设计一个龙头形状的项链，再增加一些画面质量的提示词，这里填入的是“chinese dragon shape,necklace,UHD,8K,best quality,4K,UHD,masterpiece,aiguillette,((white background)),red Emerald gemstones,(gold:1.5),shining,ruby,Luxury,gemstone,(minimalist:1.2),(((slender))),jade,”，如下图所示。

3. 点击 LoRA 选项，添加前面已经下载好的“好机友珠宝”LoRA 模型，设置 LoRA 权重为 0.8，如下图所示。

4. 迭代步数设置为35，采样方法选择Euler a，尺寸设置为512×512，提示词引导系数设置为7，开启高分辨率修复，放大算法选择R-ESRGAN 4x+，高分迭代步数设置为35，重绘幅度设置为0.3，放大倍数设置为2，其他设置默认不变，如下图所示。

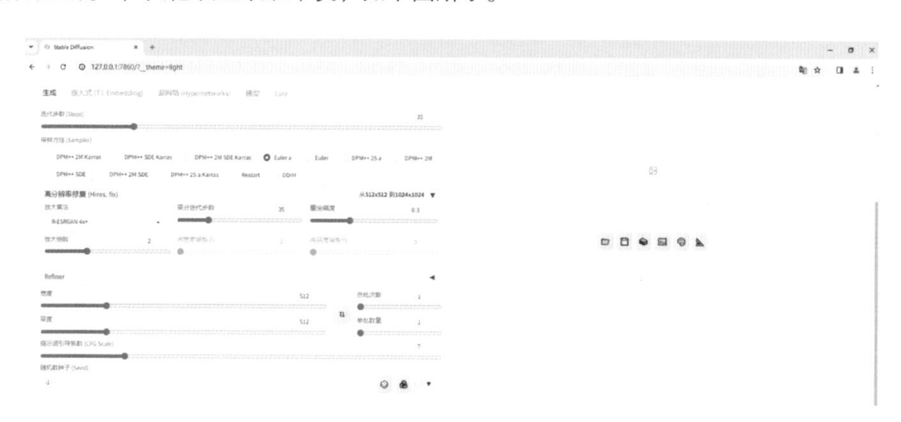

5. 点击“生成”按钮，一款龙头形状的项链就设计完成了，如下图所示。如果对形状不满意，或者想生成其他形状，可修改提示词多次生成，直到结果满意为止。这里又生成了一个老虎头形状的项链和一个花瓣形状的戒指，如下图所示。

6. 如果已经有珠宝的基本造型草图，则可以使用 ControlNet 精准控制生成的图像，例如下方第一张图为笔者使用的 LOGO 造型草图，其他图像为笔者使用 ControlNet 后生成的不同造型的珠宝设计方案。

用 ControlNet 快速获得大量产品设计方案

得益于 AI 技术的无限可扩展性，只要选择正确的底模与 LoRA 模型，就可以依据提示词批量设计各类产品，这样就能够在短时间内为设计人员提供大量可供参考的设计灵感，甚至有些方案可以直接提交给客户进行讨论，这里以滑板车设计方案为例，讲解操作步骤。

1. 准备一张产品图片，进入 SD 图生图界面，在图生图选项点击上传准备好的产品图片，选择一个真实感的大模型，这里选择的是“deliberate_v3.safetensors”，点击“DeepBooru 反推”按钮，使用 SD 的提示词反推功能，从上传的图片中反推出正确的提示词，再补充一些画面质量的提示词，这里填入的是“reality,rich in details,ultra high quality,masterpiece,electric scooter,vehicle_focus,wheel,Lightweight,lamps,industrial design,full of imagination,sense of science and technology,”，如下图所示。

2. 点击打开 ControlNet 选项，进入 ControlNet 单元 0 单张图片界面，勾选“启用”“完美像素模式”“允许预览”“上传独立的控制图像”，点击上传产品图片，如下图所示。

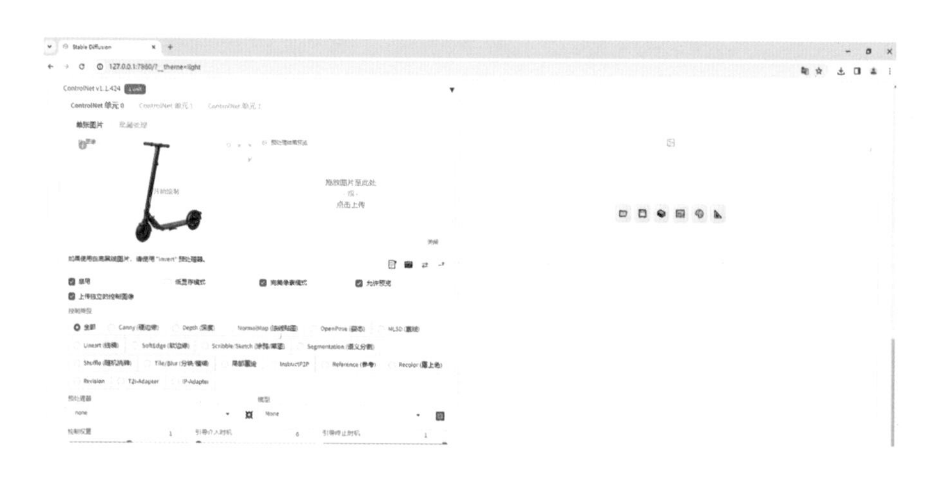

3.ControlNet 控制类型选择 Depth（深度），预处理器选择 depth_midas，模型选择 control_v11f1p_sd15_depth_fp16，控制权重设置为 0.8，其他参数默认不变，点击¤按钮，生成预览图，如下图所示。

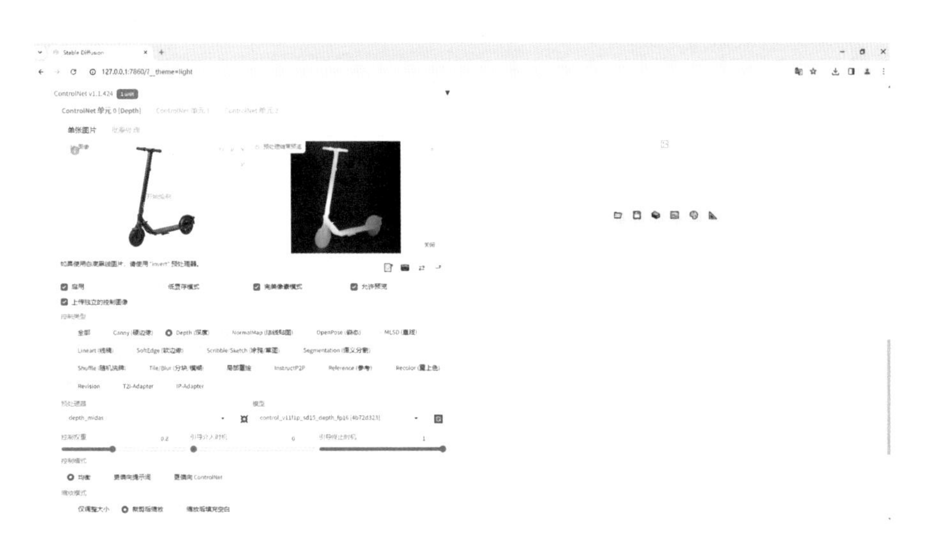

4. 缩放模式选择仅调整大小，迭代步数设置为 30，采样方法选择 DPM++ 2M Karras，尺寸与原图保持一致，这里是 800×800，单批数量设置为 2，提示词引导系数设置为 7，重绘幅度调高一点，设置为 0.7，其他设置默认不变，如下图所示。

5. 点击“生成”按钮，产品设计图片就制作完成了，如下图所示。如果想让产品有更大的变化，在提示词中加入变化的细节，提高重绘幅度，降低 ControlNet 权重即可，这里又在电动滑板车上增加了车座，如下图所示。

6. 写实风格类型的产品可能没有很大的吸引力，更改产品风格可能会有更好的效果，在 SD 中更改产品风格也很简单，这里把滑板车改成机甲风格，步骤与产品设计相似，基本操作不变，增加机甲风格的 LoRA，这里增加的模型为“Gundam_Mecha 高达机甲 _v5) 2 动态姿势版”“科幻道具 _v1.0”，权重都设置为 0.8，其他参数不变，如下图所示。

7. 点击“生成”按钮，机甲风格的电动滑板车图片就制作完成了，如下图所示。如果还想更换成其他风格，找到并添加适合的 LoRA，简单修改提示词即可，这里又生成了一个赛博朋克风格的电动滑板车，如下图所示。

用 ControlNet 将模糊图像提升成为高清画质

利用 ControlNet 的 Tile 控制类型先给图片增加细节，再通过 Ultimate SD upscale 脚本放大图片，只需两步就可以将模糊的图像变成清晰的图像，而且图像细节更加丰富，比传统的图像处理技术简单快捷，可以在较短时间内完成大量模糊图片的处理，下面展示将一张模糊的二次元图片提升成为清晰照片的操作步骤。

1. 准备一张模糊的图片，进入 SD 图生图界面，在图生图选项点击上传准备好的模糊图片，点击“DeepBooru 反推”按钮，使用 SD 的提示词反推功能，从上传的图片中反推出正确的提示词，再补充一些画面质量的提示词，这里填入的是“best quality,masterpiece,ultra high res,cherry_blossoms,tree,1girl,outdoors,solo,smile,jacket,looking_at_viewer,day,”，如下图所示。

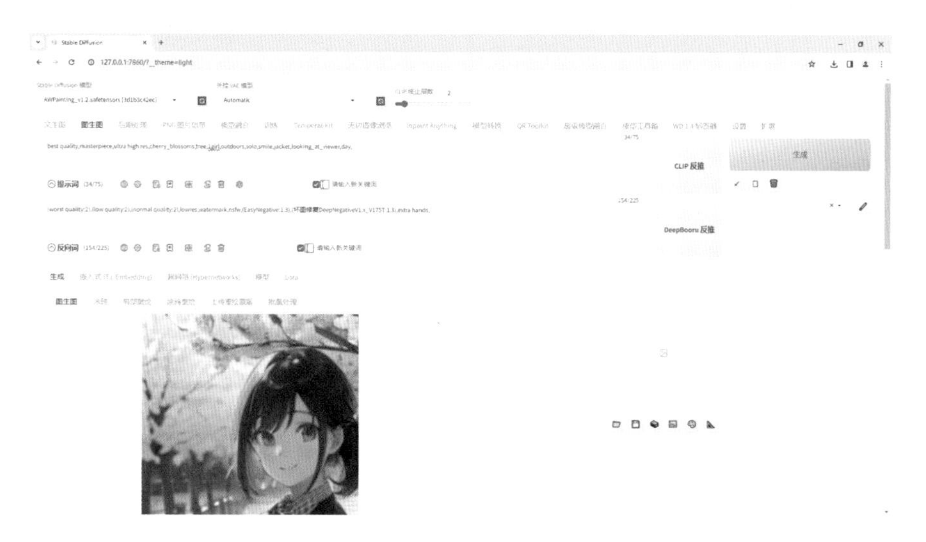

2. 点击打开 ControlNet 选项，进入 ControlNet 单元 0 单张图片界面，勾选“启用”“完美像素模式”，控制类型选择 Tile/Blur（分块 / 模糊），预处理器选择 tile_resample，模型选择 control_v11f1e_sd15_tile，其他参数默认不变，如下图所示。

3. 在右图脚本列表中选择Ultimate SD upscale，Target size type选择Scale from image size，这里的意思是图像放大设置尺寸，尺度设置为6，即放大倍数，这里的原图为200×300，放大后为1200×1800，放大算法选择4x-UltraSharp，其他参数默认不变，如右图所示。

4. 缩放模式选择仅调整大小，迭代步数设置为30，采样方法选择DPM++ 2M Karras，尺寸不用修改，因为已经在脚本Ultimate SD upscale中设置了，提示词引导系数设置为7，重绘幅度不要调太高，否则图片容易发生变化，设置为0.45，其他设置默认不变，如右图所示。

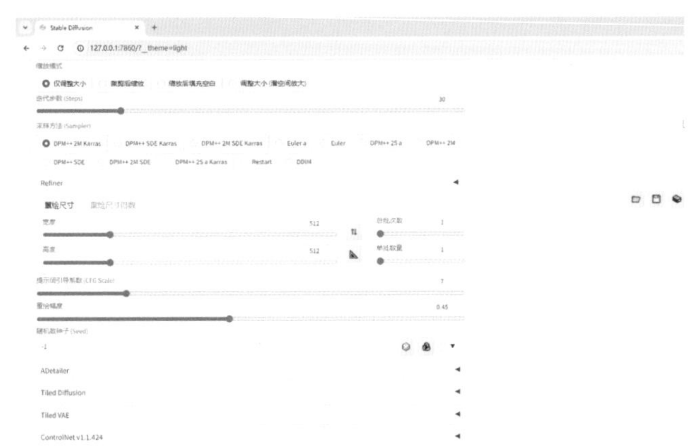

5. 点击"生成"按钮，模糊图片就变成了高清图片，如左下图所示。不仅是动漫图片，真人图片也可以模糊变高清，基本步骤不变，简单调整提示词即可，如中下图所示模糊的真人图片变成了下右图所示高清的图片。

用 ControlNet 制作不同材质、风格的艺术文字

作为一种创新性工具，AI 为字体艺术领域带来了新的可能性。以前需要使用专业的图像软件如 Photoshop 甚至要使用三维建模软件才可以实现的艺术字，现在借助 AI 技术可以轻松实现。

不仅如此，由于 AI 软件具有超强自由发挥创意的能力，因此，它还能够制作出用传统方法无法得到的艺术字。

这里以“春天”艺术字为例，讲解操作步骤。

1. 打开 Photoshop 软件，新建尺寸 512×768 像素的画布，选择一个比较粗的字体，切换文本为竖排，输入文字后，将图片导出为 JPEG 格式图像，保存到本地，如下图所示。

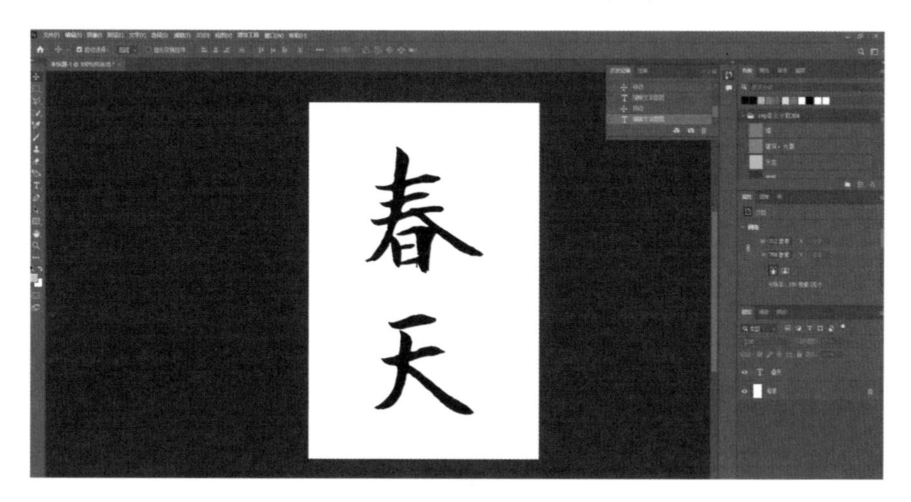

2. 进入 SD 文生图界面，点击打开 ControlNet 选项，进入 ControlNet 单元 0 单张图片界面，勾选“启用”“完美像素模式”“允许预览”，点击上传“春天”文字图片，如下图所示。

3.ControlNet 控制类型选择全部，预处理器选择 invert (from white bg & black line)，模型选择 control_v11f1p_sd15_depth_fp16，其他参数默认不变，点击 ¤ 按钮，生成黑底白字预览图，如下图所示。

4. 大模型选择“revAnimated_v122.safetensors”，该模型可生成的图片范围极广，对提示词的反馈也很丰富，在提示词框中填入对字体以及背景的描述，这里填入的是“masterpiece,best quality,plant,in spring,green,water,morning,sunrise,mist,no no humans,blurry background,natural light,dew,flower,”，添加一个水滴 LoRA 模型（读者可按前言或封底提示信息下载模型），设置权重为 0.7，如下图所示。

5. 迭代步数设置为 30，采样方法选择 DPM++ 2M Karras，尺寸与文字图片保持一致，这里是 512×768，提示词引导系数设置为 7，其他参数默认不变，如右图所示。

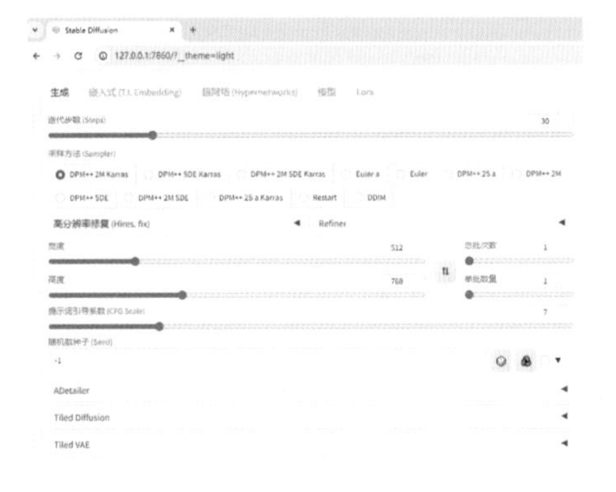

6. 点击“生成”按钮，由绿植组成的春天艺术字就制作完成了，如下图所示。如果想更换字体风格，只需添加不同的 LoRA 以及简单修改提示词即可，这里又生成了由西瓜组成的夏天艺术字，如下图所示。

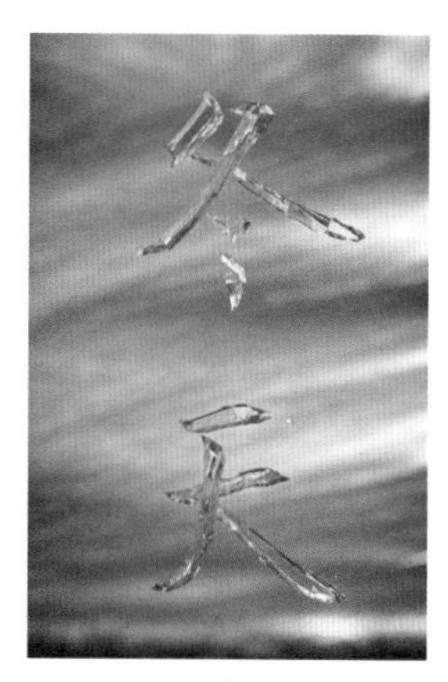

7. 使用这种方法操作时，配合不同的 LoRA 与 ControlNet 可以生成各种效果不同的图像，如左下图为笔者使用的控制图，其他图像为笔者配合不同 LoRA 生成的文字效果。所用 LoRA 可按前言或封底提示信息操作下载。

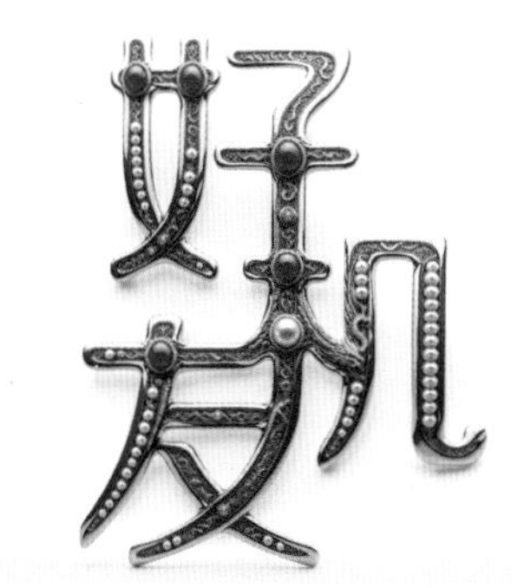

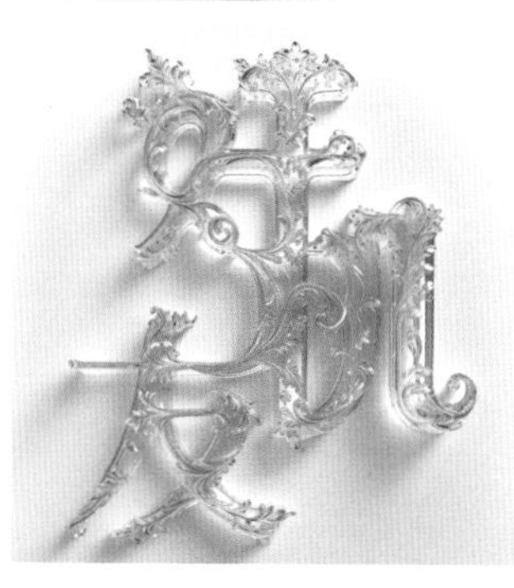
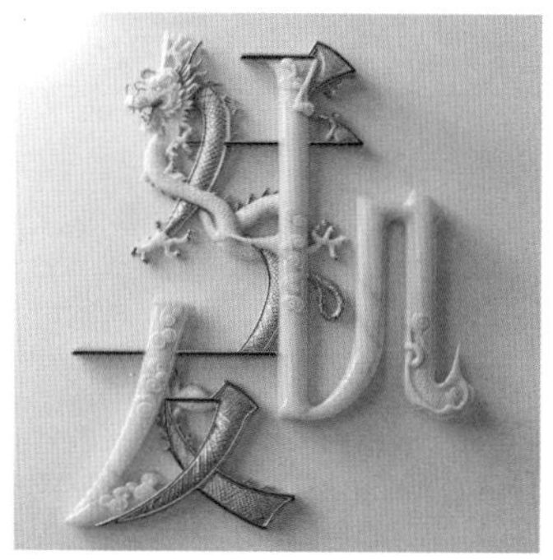

用 ControlNet 生成艺术二维码

可以说，当今社会已经成为一个“码”上社会，无论是吃饭、购物、交际等均需要扫各种各样的二维码，与普通的黑白色块二维码相比，艺术化二维码有以下优点。

» 提升美感，通过添加艺术设计元素，使二维码更加美观、有趣，增加了观赏性。

» 增加辨识度，艺术二维码具有独特的设计风格和形式，更易于被识别和记忆。

» 增强品牌形象，通过将品牌的形象、特色和价值观融入艺术二维码中，不仅可以传递品牌信息，还可以提升品牌形象和认知度。

要生成艺术化二维码，可参考以下操作步骤。

1. 安装 QR Toolkit 插件，它可以生成基础的二维码。进入 SD 扩展界面，进入从网址安装选项，在扩展的 git 仓库网址文本框填入“https://github.com/antfu/sd-webui-qrcode-toolkit”，点击“安装”按钮，即可安装 QR Toolkit 插件，如下图所示。读者也可按本书前言或封底提示信息操作下载插件。

2. 重载 Web UI，功能栏中就多出了 QR Toolkit 功能，进入 QR Toolkit 界面，这里只需要改两个选项。填写链接：将你想制作成二维码的链接填入文本框，链接不要太长，如果太长的话建议使用工具转换为短链接。容错率（Error Correction）即二维码的抗损毁能力，可以让二维码在部分区域被损毁的情况下，也可以被识别。数值越高抗损毁能力越强，但也有更多的信息冗余。为了保证二维码变成图像后依旧被识别，这里建议选择 Q 或 H 两挡中的一个。其他参数默认不变，最后点击右下角“Download”按钮，将二维码保存到本地，如下图所示。

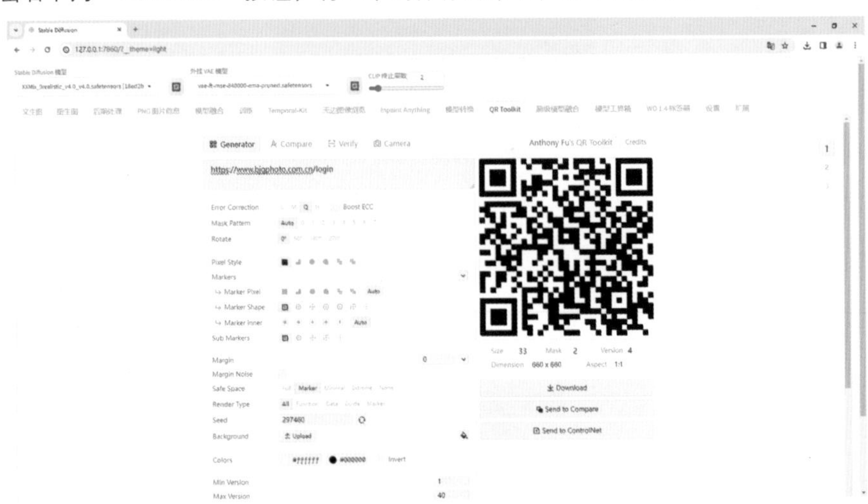

3. 进入文生图界面，点击打开 ControlNet 选项，进入 ControlNet 单元 0 单张图片界面，勾选“启用”“完美像素模式”“允许预览”，点击上传二维码图片，控制类型选择全部，预处理器选择无，模型选择 control_v1p_sd15_qrcode_monster，控制权重设置为 1.2，其他参数默认不变，点击 ¤ 按钮，生成预览图，如下图所示。

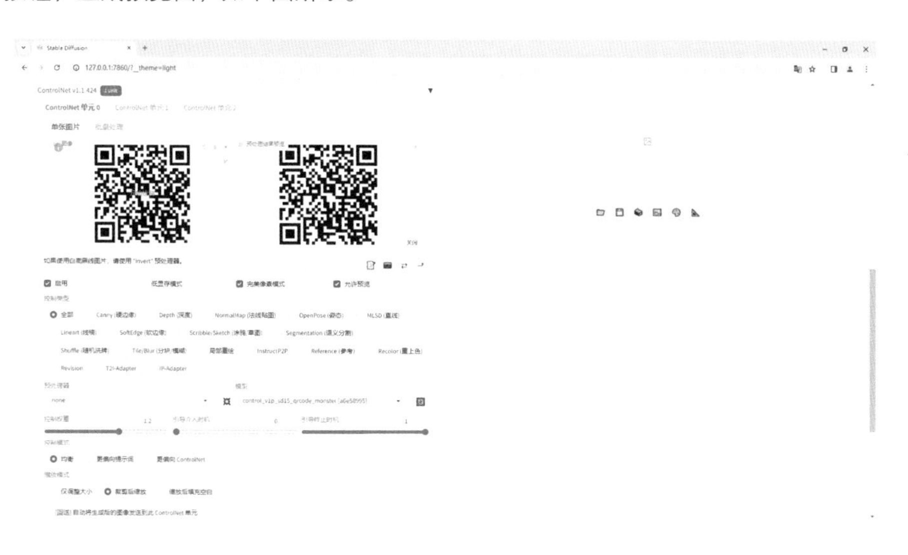

4. 进入 ControlNet 单元 1 单张图片界面，勾选“启用”“完美像素模式”“允许预览”，点击再次上传二维码图片，控制类型选择全部，预处理器选择无，模型选择 control_v1p_sd15_brightness，控制权重设置为 0.25，引导介入时机设置为 0.45，引导终止时机设置为 0.75，此设置是为了让二维码的轮廓不那么明显，其他参数默认不变，点击 ¤ 按钮，生成预览图，如下图所示。

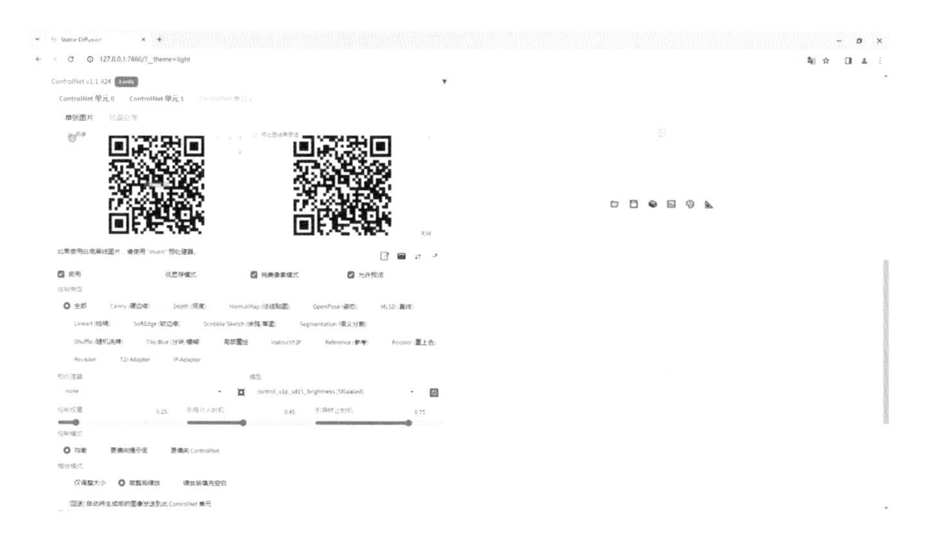

5. 将底模切换为动漫类模型，这里选择的是 AWPainting_v1.2.safetensors，外挂 VAE 模型选择 vae-ft-mse-840000-ema-pruned.safetensors，这里提示词填写的内容就是融入二维码图片中的内容，这里填入的是“Masterpiece,best quality,(1 girl standing in front of the store),hat,solo,hair clip,long hair,blue eyes,sunflowers,dress,book,bow tie,grocery store,illustrations,cherry blossom tree,pink flowers,grass,moss,clouds,fallen leaves,detailed character design,clean background,white space,”，如下图所示。

6. 迭代步数设置为 25，采样方法选择 DPM++ 2M Karras，尺寸设置为 736×736，与二维码图片尺寸保持一致，提示词引导系数设置为 7，开启高分辨率修复，放大算法选择 4x-UltraSharp，高分迭代步数设置为 25，重绘幅度设置为 0.3，放大倍数设置为 2，其他设置默认不变，如下图所示。

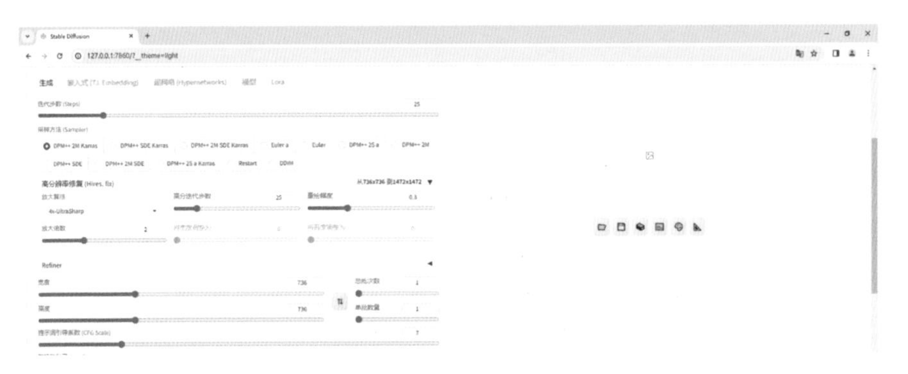

7. 点击“生成”按钮，艺术二维码就制作完成了，图片内容与二维码融合得非常自然，如下图所示。这里又修改了提示词和底模生成了一张新的动漫人物的二维码图片，如下图所示。

用 ControlNet 通过草图生成不同季节与时间的建筑效果图

AI 绘画可以利用现代技术手段，对黑白线条的线稿进行深入分析和提取，生成现实生活中彩色的效果图，对于建筑设计师来说，在短时间内就可生成多张意向图供客户选择，缩短了建筑设计方案的周期，增加了建筑设计的创新。这里以线稿图生成真实建筑为例，具体操作步骤如下。

1. 准备一张建筑的黑白线稿图，进入 SD 文生图界面，点击打开 ControlNet 选项，进入 ControlNet 单元 0 单张图片界面，勾选“启用”“完美像素模式”“允许预览”，点击上传建筑的黑白线稿图，如下图所示。

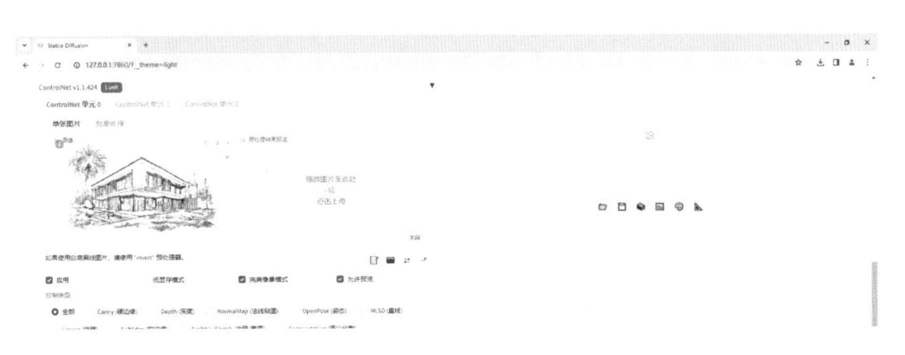

2.ControlNet 控制类型选择 Scribble/Sketch（涂鸦 / 草图），预处理器选择 scribble_pidinet，模型选择 control_v11p_sd15_scribble_fp16，控制权重设置为 1，其他参数默认不变，点击💥按钮，生成预览图，如下图所示。

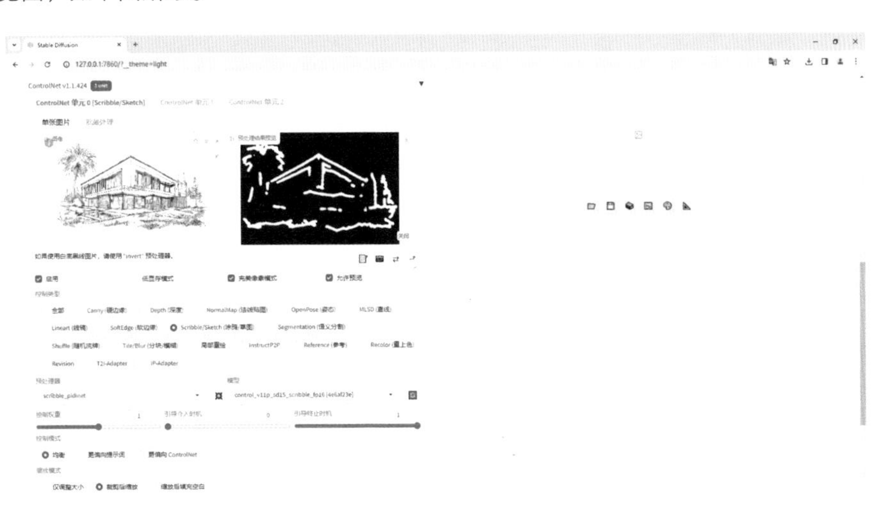

3. 选择一个建筑风格的大模型，这里选择的是“冰醋酸 百变景观 v1.0.safetensors”，在提示词框中填入对建筑的描述，这里填入的提示词为“Highest quality,ultra-high definition,masterpiece,8k quality,modern architecture,morden style,wall,no humans,scenery,outdoors,tree,grass,”，添加一个建筑写实风格的 LoRA“UIA 重磅升级 | 建筑写实类 3）0_1.5”，设置权重为 0.8，如下图所示。

4. 迭代步数设置为 30，采样方法选择 DPM++ 2M Karras，尺寸与原图保持一致，这里是 1240×856，提示词引导系数设置为 7，其他设置默认不变，如下图所示。

5. 点击“生成”按钮，建筑黑白线稿图就变成了写实的彩色效果图，如右图所示。

6. 如果在提示词中添加不同的季节、时间相关提示词，则可以获得如下图所示的图像。

用 TemporalKit 制作酷炫人物变换风格视频

发布视频不想真人出镜，如果只拍半身视频流量太低，通过 TemporalKit 插件将拍好的原视频变换任意风格，不仅解决了真人出镜问题，还增加了视频的趣味性，将不同种类的视频变换成不同的风格，可以获得更多观众的喜爱。这里以真人换装视频变换为二次元换装视频为例，具体操作步骤如下。

1. 安装 TemporalKit 插件，它可以让 AI 动画更加丝滑。进入 SD 扩展界面，进入从网址安装选项，在扩展的 git 仓库网址文本框填入“https://github.com/CiaraStrawberry/TemporalKit”，点击“安装”按钮，即可安装 TemporalKit 插件，如下图所示。读者可按前言或封底提示信息操作下载插件。

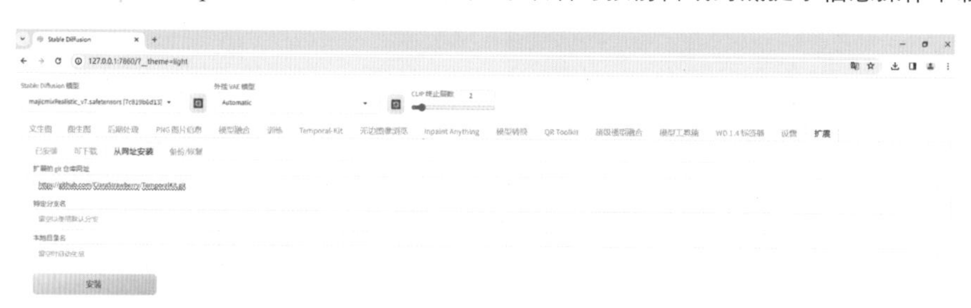

2. 准备一段人物动作视频，重载 Web UI，功能栏中就多出了 Temporal-Kit 功能，进入 Temporal-Kit 界面，在预处理选项的输入窗口中上传准备好的人物动作视频，如下图所示。

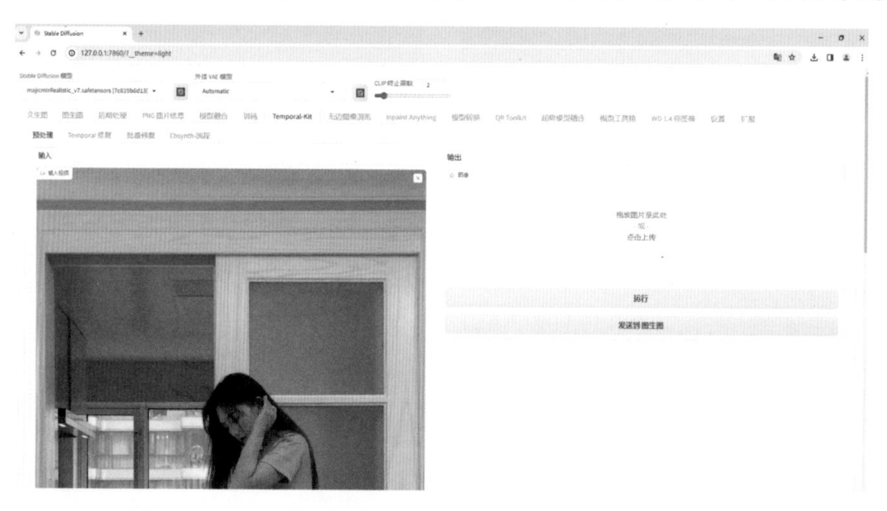

3. 设置提取关键帧图片参数，每边张数设置为 1，高度分辨率为 960，分辨率越大，提取时间就越长，每几帧提取 1 个关键帧设置为 5，如果视频较长，想要加快处理速度，可以把这个数值调大，帧率设置为 30，这里与原视频帧率保持一致即可，勾选 EBSynth 模式，点击“保存设置”按钮，设置目标文件夹路径，即提取的关键帧图片存放位置，这里建议放在 D:\Stable Diffusion\sd-webui-aki-v4）4\output 路径下，点击批量处理设置选项，勾选批量处理，最大关键帧数设置为 -1，边界关键帧数设置为 0，点击 Ebsynth 设置选项，勾选分割视频，这样参数就设置完成了，如下图所示。

4. 点击右侧的“运行参数”按钮，程序便会在原视频中提取关键帧，运行完成后，图片便会存放在 output 文件夹中的 input 文件夹中，如下图所示。

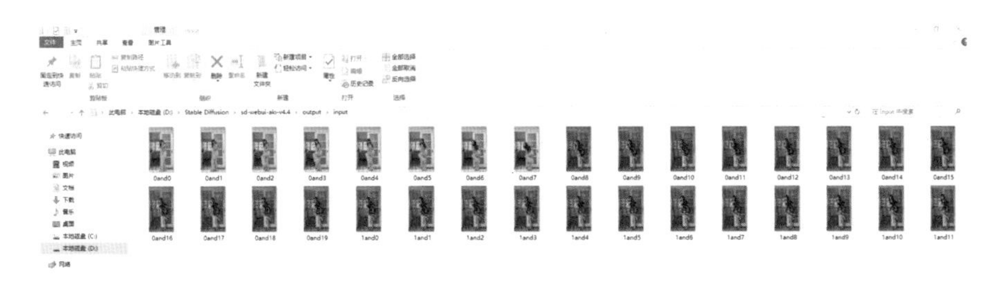

5. 进入 SD 图生图界面，在图生图选项点击上传任意一张提取的关键帧图片，选择一个动漫风格的大模型，这里选择的是“AWPainting_v1.2”，点击“DeepBooru 反推”按钮，使用 SD 的提示词反推功能，从上传的图片中反推出正确的提示词，这里填入的是“best quality,masterpiece,ultra high res,1girl,long_hair,solo,”，如下图所示。

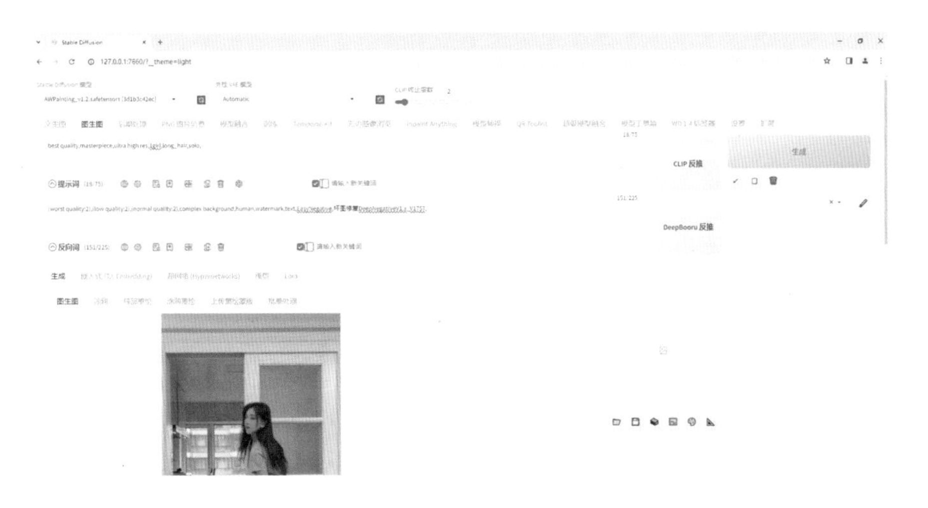

6. 点击打开 ControlNet 选项，分别进入 ControlNet 单元 0 和单元 1 单张图片界面，勾选“启用”“完美像素模式”，单元 0 中控制类型选择 Canny（硬边缘），预处理器选择 canny，模型选择 control_v11p_sd15_canny，其他参数默认不变；单元 1 中控制类型选择 Tile/Blur（分块 / 模糊），预处理器选择 tile_resample，模型选择 control_v11f1e_sd15_tile，其他参数默认不变，如下图所示。

7. 缩放模式选择仅调整大小，迭代步数设置为 20，采样方法选择 Euler a，尺寸与原图保持一致，这里是 536×960，提示词引导系数设置为 7，重绘幅度设置为 0.65，启用 After Detailer，After Detailer 模型选择 face_yolov8n.pt，其他设置默认不变，如下图所示。

8. 点击“生成”按钮，复制生成图片的随机数种子，这里是 2032830072，点击进入图生图功能中的批量处理窗口，将复制的随机数种子粘贴到文本框，设置输入目录为提取关键帧图片的文件夹，这里的路径是 D:\Stable Diffusion\sd-webui-aki-v4.4\output\input，输入目录设置为 output 目录下的 output 文件夹，这里的路径是 D:\Stable Diffusion\sd-webui-aki-v4.4\output\output，其他参数默认不变，点击“生成”按钮，关键帧图片已经批量生成为动漫风格了，如下图所示。

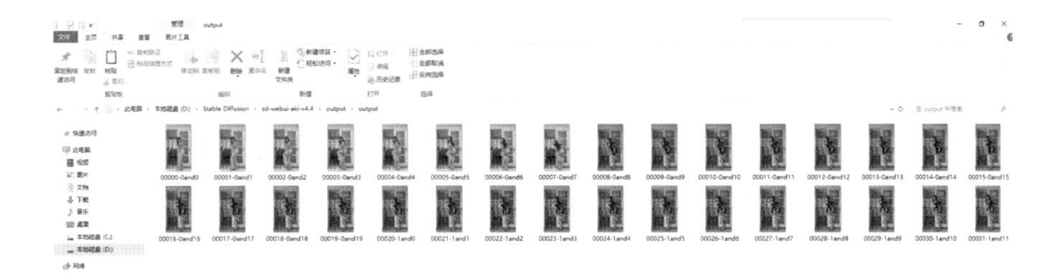

9. 进入 Temporal-Kit 界面，点击进入 Ebsynth- 流程选项的批量处理窗口，左侧输入文件夹填写整个工程的目录，这里的路径是 D:\Stable Diffusion\sd-webui-aki-v4.4\output，右侧输入视频上传原视频，如下图所示。

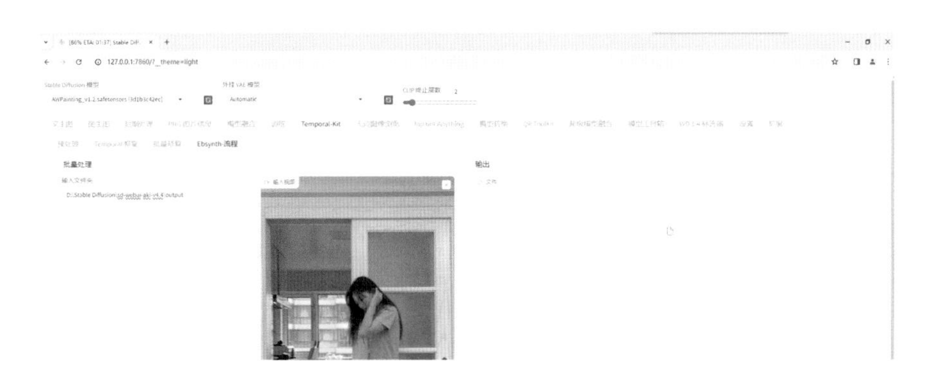

10. 下面的参数设置与之前预处理时的设置保持一致，帧率设置为 30，每边数量设置为 1，输出分辨率设置为 960，单批数量设置为 5，最大帧数设置为 220，这里的视频时长为 5 秒，正常最大帧数为 5×30=150，因为还有边界帧数，所以这里要多设置一些，边界帧数设置为 1，如下图所示。

11. 点击“预处理 Ebsynth”按钮，在 output 文件夹下打开数字文件夹，frames 文件夹里面是原视频的帧，keys 文件夹下是风格变换后的关键帧图片，如下图所示。

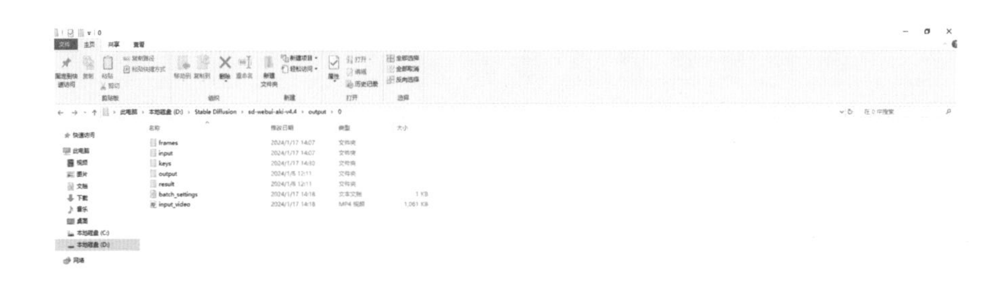

12. 接下来要将所有原视频帧图转换为变换风格后的关键帧图效果，这里需要用到另一个软件 EbSynth，读者可按前言或封底提示信息操作下载解压后打开软件，如下图所示。

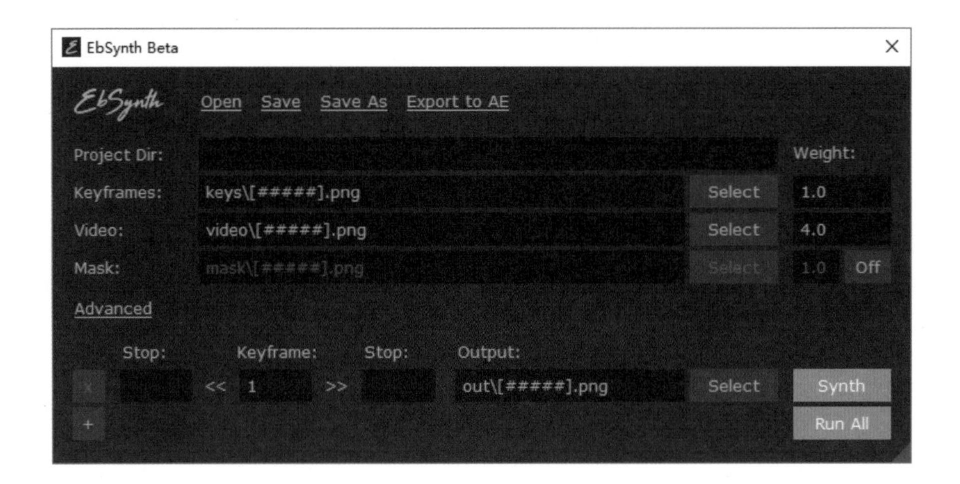

13. 在 Keyframes 选项中选择数字文件夹下的 keys 文件夹，在 Video 选项中要选择数字文件夹下的 farms 文件夹，选择完毕后，软件就把所有图片的顺序排好了，点击“Run All”按钮，开始转换，转换结束后，再选择第二个数字文件夹转换，如下图所示。

14. 回到SD Temporal-Kit界面的Ebsynth-流程选项的批量处理窗口，点击“重组Ebsynth”按钮，转换风格后的视频就制作完成了，如下图所示。

制作超现实人物年龄变化视频

在当今时代，记录年龄变化非常简单方便，但是现在的老年人在他们的时代，照相可能是非常奢侈的事情，所以很多老年人年轻时候的样子都没有被记录下来，现在通过 SD 的一键精修功能不仅可以美颜人像，还可以通过调高“重绘幅度”参数，得到不断“年轻化”的系列人像图片，还可以把图片上传到剪辑软件生成年龄动画，让青春重现。这里以老人变年轻为例讲解具体操作。

1. 准备一张老人的照片，进入 SD 图生图界面，在图生图选项点击上传准备好的老年人照片，如下图所示。

2. 将底模切换为人像写实类模型，这里选择的是 MoyouArtificial_v1060.safetensors，外挂 VAE 模型选择 vae-ft-mse-840000-ema-pruned.safetensors，提示词填写一些画面质量的词语即可，这里填入的是“masterpiece,best quality,UHD,award photography,”，如下图所示。

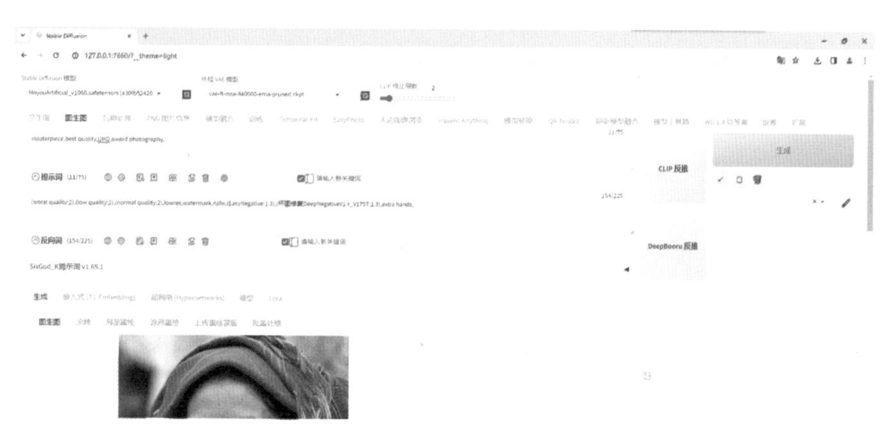

3. 缩放模式选择仅调整大小，迭代步数设置为 28，采样方法选择 DPM++ 2M Karras，尺寸与原图保持一致，这里是设置为 792×1104，提示词引导系数设置为 7，重绘幅度设置为 0.1，其他设置默认不变，如下图所示。

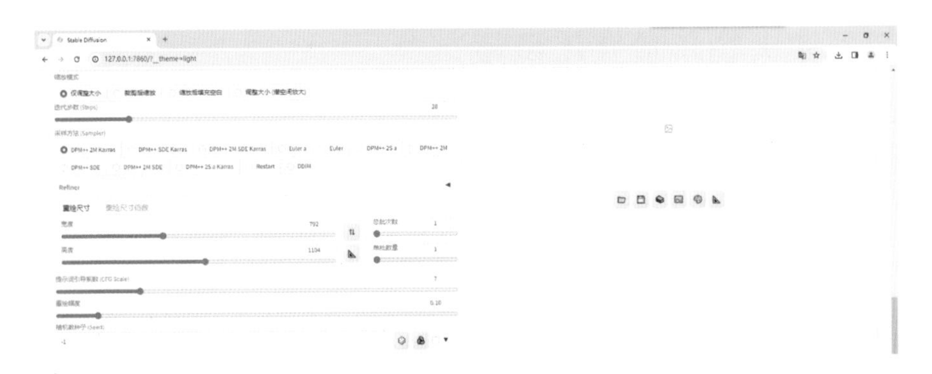

4. 点击“生成”按钮，老年人年轻了一些的照片就生成了，如下图所示。这里又将重绘幅度分别设置为 0.15、0.2、0.25、0.3、0.35 得到了 5 张老年人的年轻图片。如果要得到更多变化连续的图像，可以改变数值之间的步长值。得到这些照片后，将其导入剪映或其他视频软件中，便可以得到人物年龄不断变小的视频。

用 AnimateDiff 一键生成丝滑视频

想通过短视频带货、引流或者增加粉丝，却由于种种原因没有视频素材，此时可以通过 SD 的 AnimateDiff 插件利用图像一键生成视频，这一功能为创作者提供了一种简单易用、灵活多变的视频生成解决方案，各种类型、人物动作的视频都能一键生成。这里以生成二次元人物动作视频为例，具体操作步骤如下。

1. 进入 SD 扩展界面，进入“从网址安装”选项，在扩展的 git 仓库网址文本框填入“https://github.com/guoyww/animatediff/”，点击“安装”按钮，即可安装 AnimateDiff 插件，如下图所示。读者也可按前言或封底提示信息操作下载后手动安装。

2. 进入 https://huggingface.com/guoyww/animatediff/tree/main 网站下载 AnimateDiff 模型，建议下载 mm_sd_v15_v2.ckp 模型，下载后将模型放置在 extensions 文件夹下 sd-webui-animatediff 目录下的 model 文件夹中，路径是 D:\Stable Diffusion\sd-webui-aki-v4.4\extensions\sd-webui-animatediff\model，如下图所示。

读者也可按前言或封底提示信息操作下载。

3. 重启SD，进入SD文生图界面，将界面滑至最下方，就可以看到已经安装好的AnimateDiff插件了。点击AnimateDiff插件选项，动画模型选择mm_sd_v15_v2.ckpt；保存格式勾选MP4，如果想生成动图就勾选GIF，如果需要生成的序列图就勾选PNG；总帧数设置为16，建议至少使用8帧以获得良好质量，如果使用较低的值，输出效果不会那么好；帧率设置为8，调整播放的速度，建议至少8~12帧；显示循环数量设置为1，0代表一直循环，如果需要生成GIF动画建议设置为0，需要视频建议设置为1；步幅和重叠暂时用不到保持默认即可；闭环选择A，A代表最后一帧与第一帧相同，动画看起来更丝滑；其他设置默认不变，勾选启用AnimateDiff，如下图所示。

4. 将底模切换为动漫类模型，这里选择的是动漫ToonYou_Beta1.safetensors，在提示词中填入人物动作和场景的描述以及画面质量提示词，这里填入的是“best quality,masterpiece,1girl,turn_one's_back,look to the lens,long hair,blouse,park,falling flowers,upper_body,”，如下图所示。

5. 迭代步数设置为30，采样方法选择DDIM，尺寸设置为512×512，这里的尺寸不要设置太大，会影响出图时间，可以通过后期处理放大图片，提示词引导系数设置为8，其他设置默认不变，如下图所示。

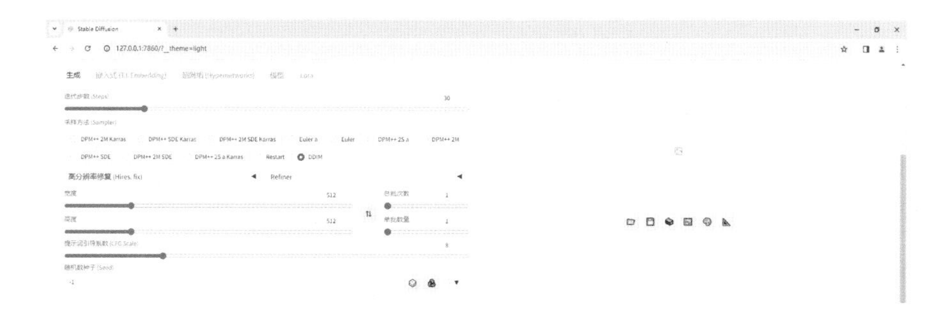

6. 点击“生成”按钮，一张女孩转身的视频就生成了，如下图所示。

7. 这里感觉女孩的表情太僵硬了，要想让女孩的面部也动起来，就需要通过提示词跃进的方式控制指定帧对应的画面内容，实现对 AI 动画的精准控制，这里想让女孩第 0 帧的时候是闭着眼睛和嘴的，第 6 帧的时候睁开眼睛，第 12 帧的时候张开嘴，这里填入的提示词如下图所示。

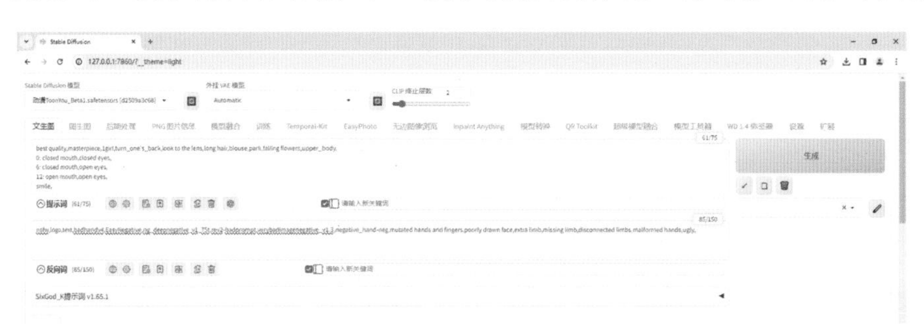

best quality,masterpiece,1girl,turn_one's_back,look to the lens,long hair,blouse,park,falling flowers,upper_body,

0: closed mouth, closed eyes

6: closed mouth,open eyes

12: open mouth, open eyes

smile

8. 这里还想增加一个拉远镜头的效果，AnimateDiff 作者也准备好了控制镜头的 LoRA，将 LoRA 下载到本地，和其他 LoRA 一样放入 LoRA 模型文件夹，使用方法也和其他 LoRA 一样，这里使用了镜头拉远的 LoRA 模型“v2_lora_ZoomOut”，权重设置为 0.7，如下图所示。

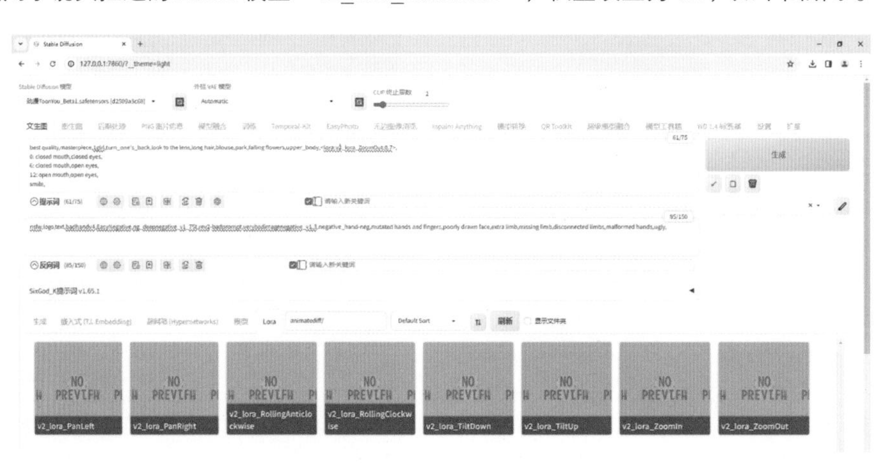

控制镜头 LoRA 下载请按前言或封底提示信息操作。

9. 点击“生成”按钮，一张带有表情变化的女孩转身视频就生成了，如下图所示。

第 11 章

摄影照片处理商业应用

珠宝电商高清放大

在电商平台中，珠宝电商类的产品主要宣传手段就是完美的高精度精修图片，但对于一些小商家来说，可能由于各种原因无法获得清晰的珠宝图片，此时可以尝试使用 SD 对尺寸较小或画质不太高的珠宝图片做高清放大处理。下面以珍珠项链图片高清放大为例，讲解具体操作。

（1）准备一张模糊的珠宝图片，进入 SD 后期处理界面，在单张图片选项中点击上传珠宝图片，在缩放倍数选项中将缩放比例设置为 3，原图尺寸为 474×474，所以比例要设置得大一点，放大算法 1 选择 4x-UltraSharp，其他设置默认不变，如下图所示。

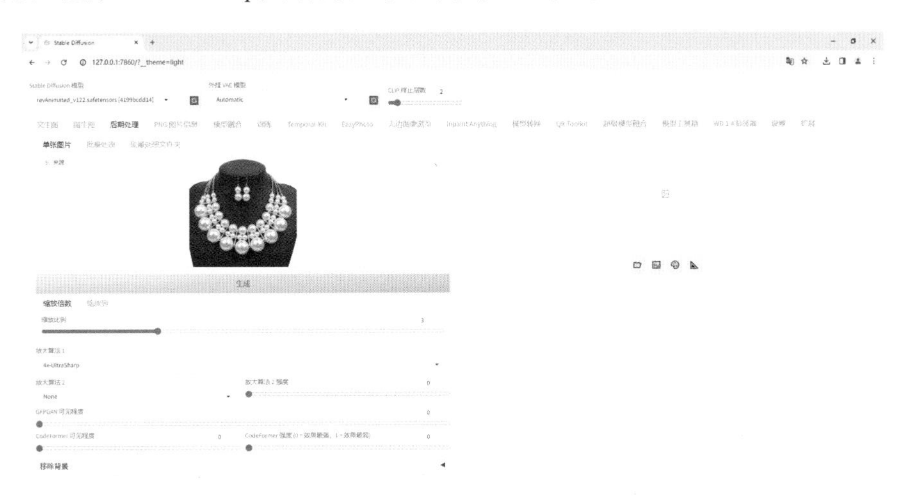

（2）点击“生成”按钮，珠宝图片的放大图就生成了，如下图所示。虽然图片放大后比原图清晰了，但珠宝的细节还不够清晰，没有达到高清放大的效果，这里就需要将图片重绘，增加珠宝细节。

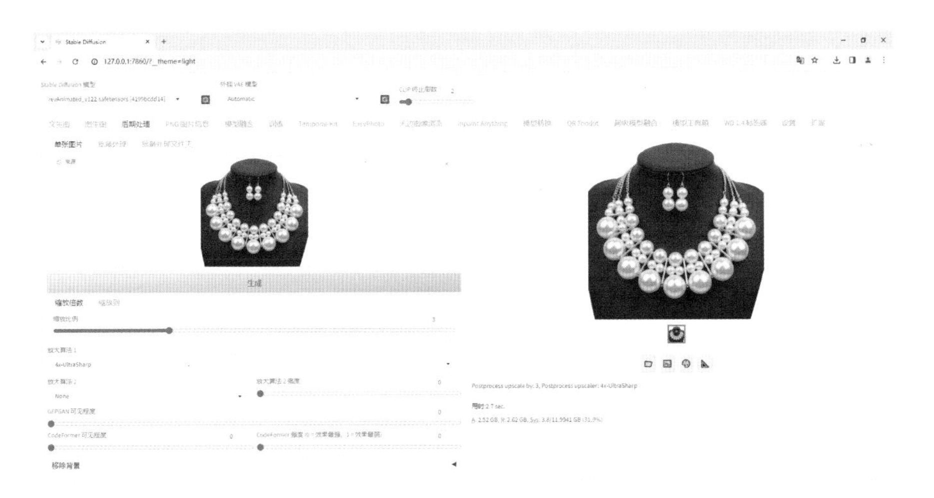

（3）点击 按钮，发送图像到“图生图”选项卡，选择一个具有真实感的大模型，这里选择的是“revAnimated_v12.2.safetensors ”，点击“DeepBooru 反推”按钮，使用 SD 的提示词反推功能，从上传的图片中反推出正确的提示词，并在此基础上补充一些画面质量的提示词，这里填入的是“best quality,masterpiece,realistic,no humans,gold necklace,white pearl,still life,simple background,white background,chain,”，如下图所示。

Stable Diffusion
127.0.0.1:7860/?__theme=light
Stable Diffusion 模型
revAnimated_v122.safetensors [4199bcdd14]
外挂 VAE 模型
Automatic
CLIP 终止层数 2
Temporal-Kit EasyPhoto Inpaint Anything QR Toolkit WD 1.4 标签器 设置 扩展
best quality,masterpiece,realistic,no humans,gold necklace,white pearl,still life,simple background,white background,chain,
27/75
提示词 (27/75)
CLIP 反推
生成
(worst quality:2),(low quality:2),(normal quality:2),lowres,watermark,nsfw,humany,EasyNegative,坏图修复DeepNegativeV1.x_V175T,
151/225
反向词 (151/225)
DeepBooru 反推
SixGod_K提示词 v1.65.1
生成 嵌入式 (T.I. Embedding) 超网络 (Hypernetworks) 模型 Lora
图生图

（4）添加一个珠宝类型的 LoRA，点击 LoRA 选项卡，选择“好机友珠宝”LoRA 模型，设置权重为 0.8，如下图所示。

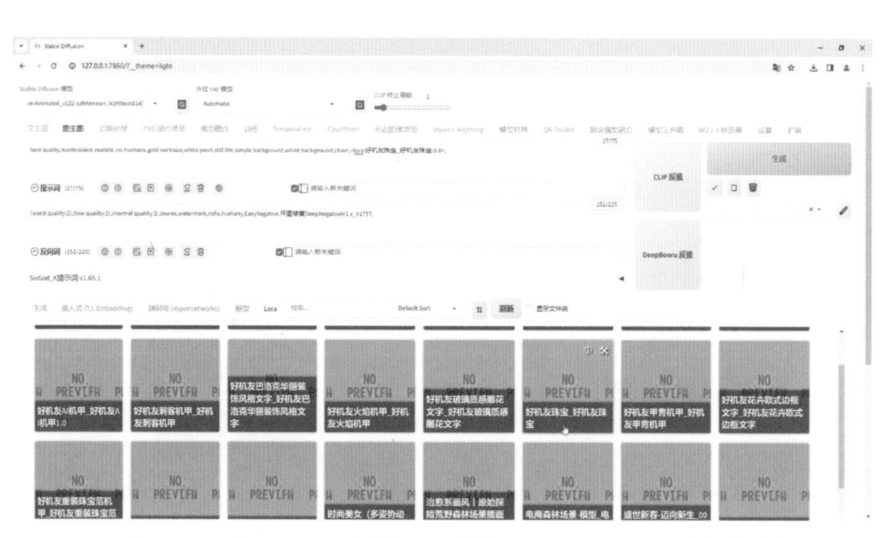

下载地址：https://www.liblib.art/modelinfo/9f0a0d7957c64d7a8cd2660cc8afff0a

（5）点击打开 ControlNet 选项，进入 ControlNet 单元 0 界面，勾选“启用”“完美像素模式”，控制类型选择 SoftEdge（软边缘），预处理器选择 softedge_pidinet，模型选择 control_v11p_sd15_softedge_fp16，其他参数默认不变，如下图所示。（在此处无须选择“上传独立的控制图像”，因为在“图生图”界面中默认情况下，是以上第（3）步上传至此界面的参考图像为 ControlNet 的控制图像）

（6）迭代步数设置为 25，采样方法选择 DPM++ 2M Karras，重绘尺寸与原图保持一致，这里是 1416×1416，提示词引导系数设置为 7，重绘幅度设置为 0.7，其他设置默认不变，如下图所示。

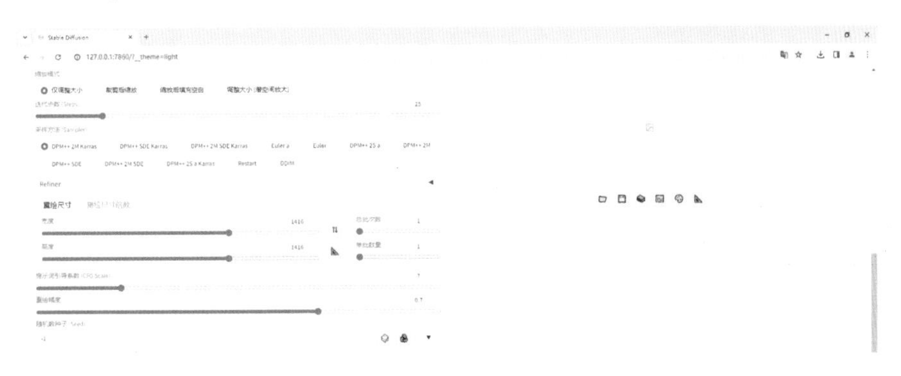

（7）点击“生成”按钮，珠宝增加细节后的图片就生成了，与原图对比可以看出，重绘后的图片珠宝细节更为丰富，画面更加真实、尺寸更大，如右下图所示。

珠宝电商产品一键精修

有些拍摄角度较好的珠宝可以通过结合重绘的高清放大得到不错的效果，但如果珠宝的结构较为复杂，例如类似于钻石戒指这种两部分组成的珠宝直接重绘可能达不到理想的效果，此时需要通过局部重绘功能，分部分对珠宝的局部进行处理。下面讲解具体操作。

（1）进入 SD“图生图”界面的局部重绘选项，点击上传珠宝图片，如下图所示。

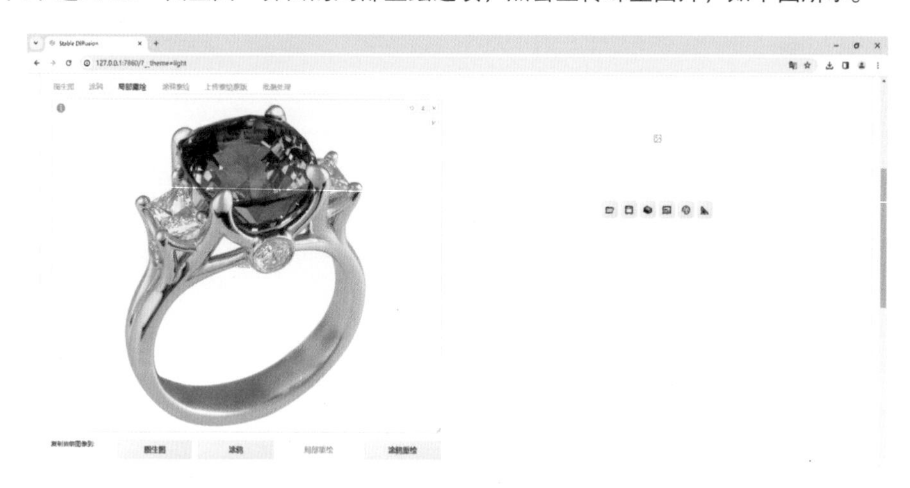

（2）因为戒指上方有钻石，用珠宝 LoRA 重绘比较好，但是下方用珠宝 LoRA 重绘会增加花纹，改变原图，所以将上下两部分分别进行重绘。这里先用画笔将需要重绘的上部分涂抹遮盖起来，如下图所示。

（3）参考前面的珠宝高清放大案例填写与设置提示词、参数和 ControlNet 的设置，点击“生成”按钮，上部分重绘后的图片就生成了，如下图所示。

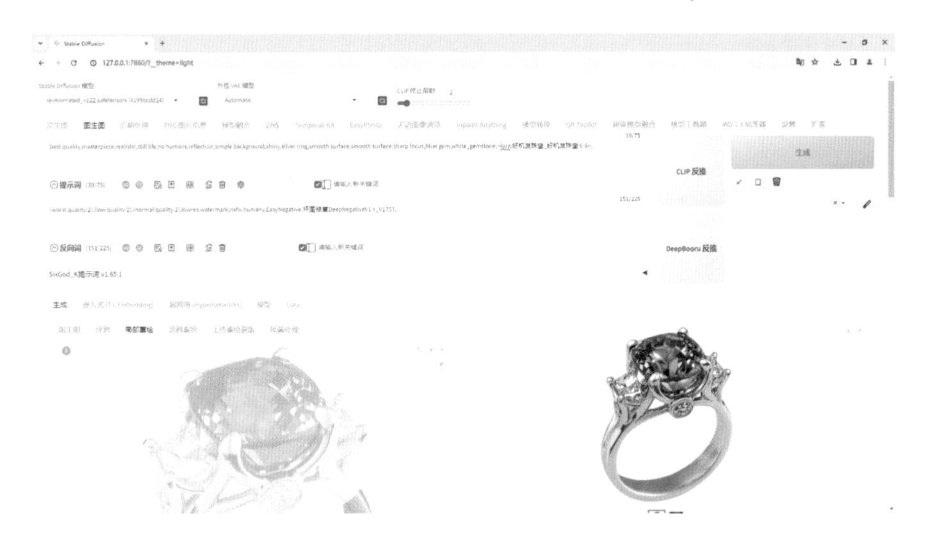

（4）将生成图片拖入“局部重绘”工作界面，用画笔将需要重绘的下部分涂抹遮盖起来，在提示词中将LoRA删除，然后简单修改一下提示词为best quality, masterpiece, realistic, (focus:1.2), (silver ring:1.2), (silver:1.4), (smooth:1.4),，其他参数不变，点击“生成”按钮，钻石戒指的整体重绘就完成了，如左下图所示。

（5）在Photoshop中打开此图片，使用“曲线”等功能进行调整，即可得到右下图所示效果。

人物一键精修

通过 SD 人像精修功能可以对人像进行细致的处理，包括去除瑕疵、优化肤色、增强眼神等，从而提升人像的整体质量，让人像更加完美，具体操作如下。

（1）准备一张需要精修的人像图片，进入 SD 图生图界面，在图生图选项点击上传准备好的模糊图片，如下图所示。

（2）将底模切换为人像写实类模型，这里选择的是 MoyouArtificial_v1060.safetensors，外挂 VAE 模型选择 vae-ft-mse-840000-ema-pruned.safetensors。

（3）由于上传的人像面带微笑，再补充一些画面质量的提示词，因此这里的提示词填入的是“smile,masterpiece,best quality,UHD,4K,award photography”，如下图所示。

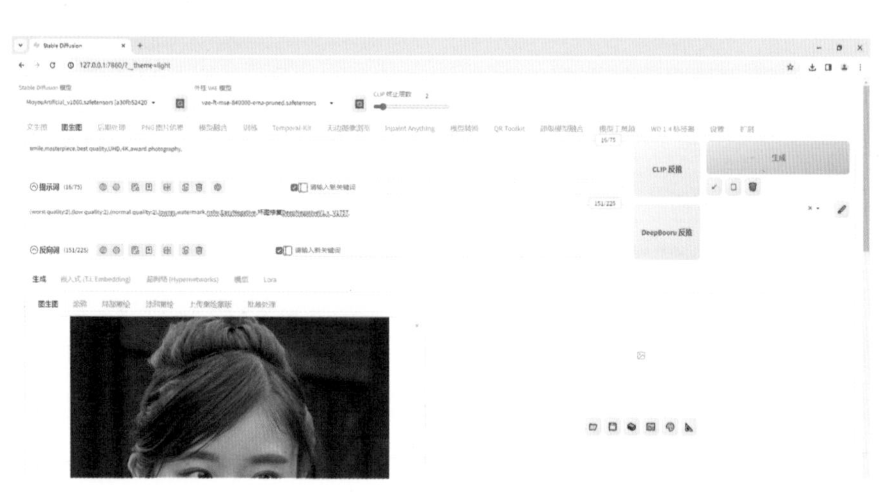

（4）缩放模式选择缩放后填充空白，迭代步数设置为 35，采样方法选择 DPM++ 2M Karras，尺寸设置为 1250×1250，提示词引导系数设置为 8.5，重绘幅度设置为 0.03，其他设置默认不变，如下图所示。

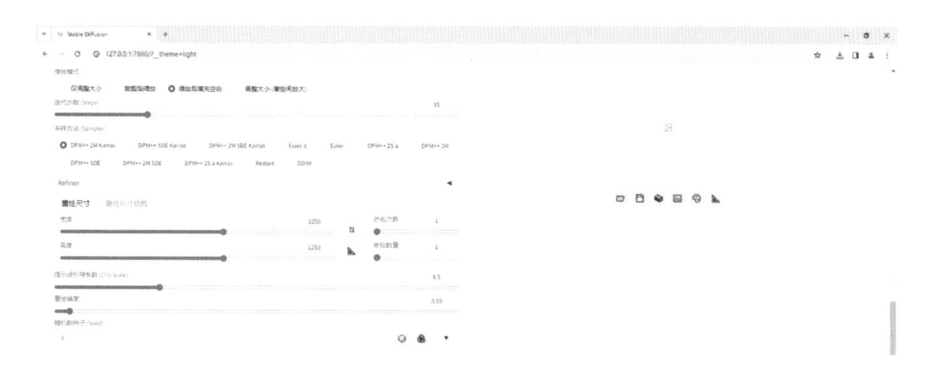

（5）开启ADetailer，After Detailer 模型选择face_yolov8n.pt，其他参数默认不变，如下图所示。

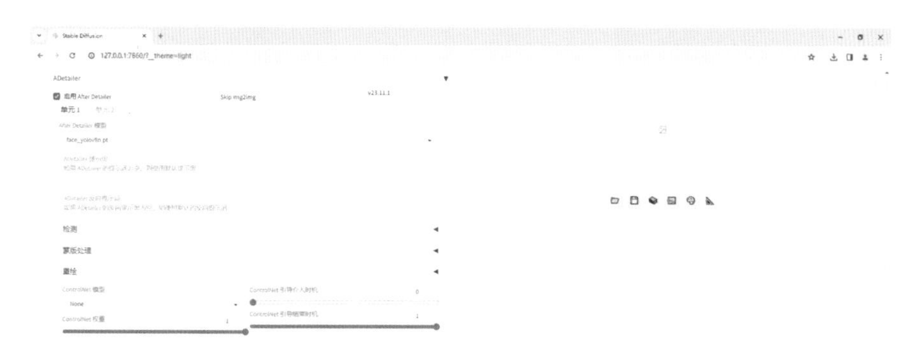

（6）点击“生成”按钮，人像图片精修就完成了，如下图所示。对比原图与一键精修后的图片，可以看出来人像的面部显得很光滑，牙齿也变得整齐了，眉毛变得黝黑了。

需要特别注意的是，“重绘幅度”一定要设置成为一个尽可能低的数值，这样才可以保证重绘时不改变人像的面部特征。

为黑白老照片上色

许多人的家里都或多或少地有几张黑白照片，这样的照片虽然有历史感，但看起来单调乏味，因此，淘宝等电商平台开始出现为黑白照片上色的服务，虽然看上去这项服务相当具有技术含量，但实际上在SD中，可以轻松实现为黑白照片上色。这里以为清朝黑白照片上色为例，讲解具体操作步骤。

（1）准备一张黑白照片，进入SD后期处理界面，因为黑白照片普遍比较模糊，所以这里先在后期处理中将黑白照片高清放大，如下图所示。

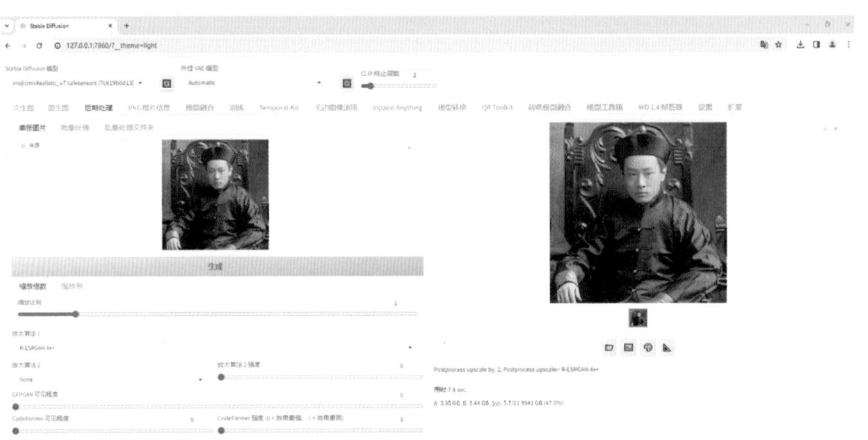

（2）进入SD文生图界面，点击打开ControlNet选项，进入ControlNet单元0单张图片界面，勾选“启用”“完美像素模式”“允许预览”，点击上传高清放大的黑白照片，如右图所示。

（3）ControlNet控制类型选择Recolor（重上色），预处理器选择recolor_luminance，模型选择ioclab_sd15_recolor，其他参数默认不变，如右图所示。

（4）选择一个真实感的大模型，这里选择的是“majicmixRealistic_v.7.safetensors”，在提示词框中填入对黑白照片内容的描述，这里填入的提示词为“1boy,hat,solo,realistic,chinese clothes,sitting,looking at viewer,chair,long sleeves,qing dynasty,color,chinese text,”，提示词根据照片实际情况填写即可，如下图所示。

（5）迭代步数设置为30，采样方法选择DPM++ 2M Karras，尺寸与原图保持一致，这里是1280×1280，提示词引导系数设置为7，其他设置默认不变，如右图所示。

（6）点击“生成”按钮，一张黑白照片就被填充上了颜色，如下图所示。如果想改变照片中物体的颜色，在提示词中给物品指定颜色即可，这里把红色衣服变成了黑色。

为人像照片更换不同服装

在 AI 工具出现以前，拍摄服装的成本较高，聘请专业的模特都是按小时计费，聘请外模的话价格就更高了，现在通过 SD 图生图的重绘蒙版功能，不仅可以实现模特换装，还可以替换不同的模特，而且和传统 PS 抠图相比，SD 的效果更加自然，融合度更好。这里以女模特换装为例，讲解具体操作步骤。

（1）首先要安装Inpaint Anything插件，它能够利用最先进的图像识别算法，快速制作蒙版。进入SD扩展界面，进入从网址安装选项，在扩展的 git 仓库网址文本框填入“https://github.com/Uminosachi/sd-webui-inpaint-anything”，点击“安装”按钮，即可安装Inpaint Anything插件，如下图所示。读者可按前言或封底提示信息操作下载。

（2）重启Web UI后会发现，功能栏中多出了Inpaint Anything功能标签，进入Inpaint Anything界面，在Segment Anything 模型 ID选择sam_vit_l_0b319.5.pth，点击右侧“下载模型”按钮，将模型下载到本地（根据网速等待的时间长短不一）。点击上传准备好的模特图片，点击“运行Segment Anything”按钮，程序将在右侧生成一张Seg预览图，如下图所示。

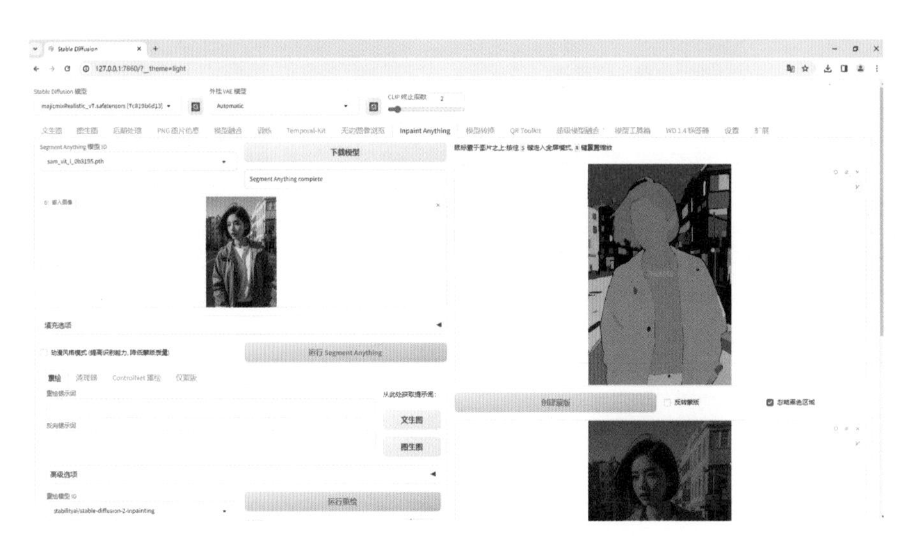

（3）在Seg预览图中用画笔将想要生成蒙版的区域涂抹，这里想要给模特更换衣服，所以涂抹区域为模特的衣服，点击“创建蒙版”按钮，下方会生成一个蒙版的预览图，可以在蒙版预览图中继续涂抹添加或删除蒙版区域，如下图所示。

（4）蒙版调整完成后，点击左侧选项栏中的仅蒙版选项，进入蒙版生成界面，点击“获取蒙版”按钮，模特衣服的蒙版就制作完成了，如下图所示。

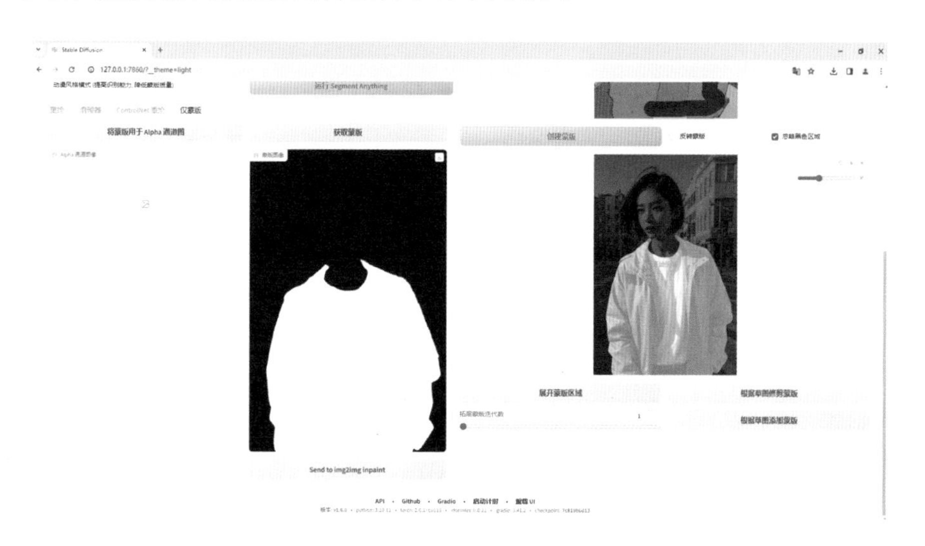

（5）点击“Send to img2img inpaint”按钮，将原图和蒙版发送到图生图功能中的上传重绘蒙版选项中，选择一个真实感的大模型，这里选择的是“majicmixRealistic_v7.safetensors”，在提示词框中填入对新衣服的描述，这里填入的是“Best quality,masterpiece,(photorealistic:1.4),raw photo,realistic,ultra high res,(pink sweater:1.3),”，如下图所示。

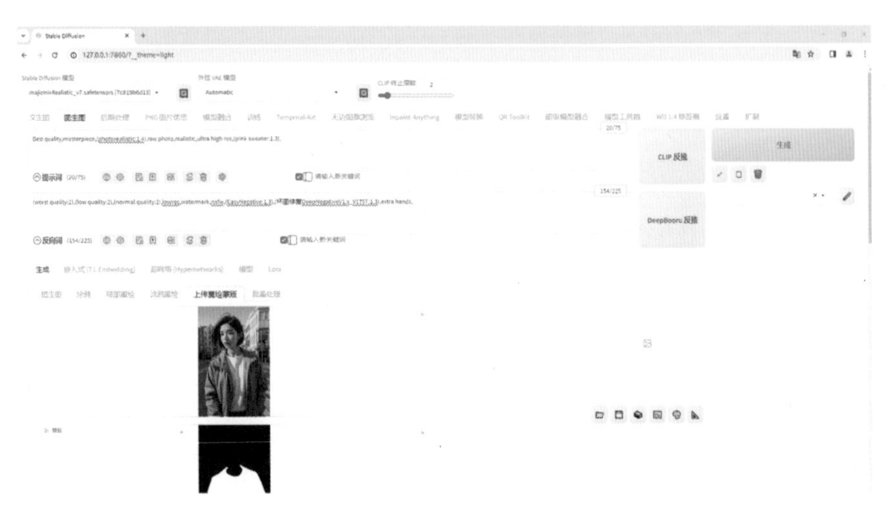

（6）下方的蒙版模式选择重绘蒙版内容，蒙版区域内容处理选择原版，重绘区域选择整张图片，迭代步数设置为 20，采样方法选择 DPM++ 2M Karras，尺寸与原图保持一致，这里是 1024×1536，重绘幅度调高一点，这里是 0.7，其他参数默认不变，如右图所示。

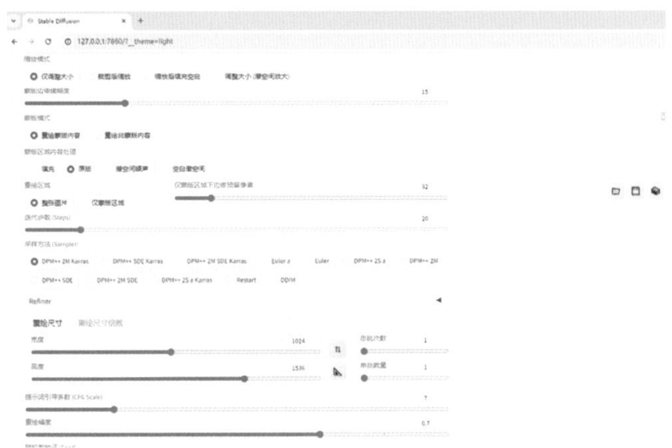

（7）点击“生成”按钮，模特穿着粉红色毛衣的图片就生成了，如左下图所示。如果想要更换其他颜色、款式的衣服，修改提示词即可，如果生成的图片有边缘痕迹，将图片发送到局部重绘简单调整即可，下方中间及右侧图为使用相同方法生成的不同效果。

（8）替换模特与模特换装的操作方法基本一致，更换一个具有真实感的大模型，让模特的样貌有大的改变，这里选择的是“MoyouArtificial_v1060.safetensors”，更改提示词，填入对新模特的特征描述，这里填入的是“Best quality,masterpiece,(photorealistic:1.4),raw photo,realistic,ultra high res,outdoors,1girl,sky,lips,brown eyes,realistic,day,long hair,pink hair,wearing sunglasses,”，如下图所示。

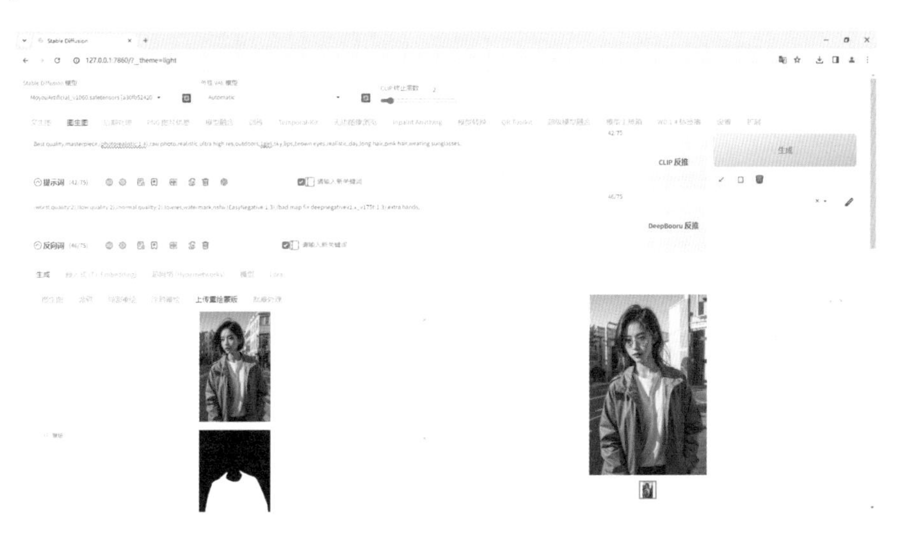

（9）将蒙版模式更改为重绘非蒙版内容，即重绘除了衣服以外的区域，其他参数保持不变，点击“生成”按钮，替换模特的图片就生成了，如下图所示。如果想更换不同风格的模特，只需更换大模型以及修改提示词即可。

使用此方法操作时，需要明白一点，即只有多次重复生成，才有可能得到令人满意的效果。另外，不必在 SD 中生成 100% 令人满意的图像，即便生成的图像有些小的瑕疵也无妨，因为后期可以在 Photoshop 中轻松修复这些瑕疵。

为人像照片更换不同背景

人物照片更换背景可以优化原本不理想的拍摄环境，提升图片的整体质量，还可以创造全新的视觉风格，如将人物放入动漫、油画或其他类型的背景中，给图片增加艺术感或梦幻感。

下面以汉服人物换背景为例，讲解具体操作。

（1）准备一张人物照片，进入 SD Inpaint Anything 界面，上传人物照片，将除人物以外的所有区域制作为蒙版，如下图所示。

（2）点击“Send to img2img inpaint”按钮，原图和蒙版发送到图生图功能中的上传重绘蒙版选项中，选择一个具有真实感的大模型，这里选择的是“majicmixRealistic_v7.safetensors”，在提示词框中填入对新背景的描述，这里填入的是“Best quality,masterpiece,(photorealistic:1.4),raw photo,realistic,ultra high res,sky,cloud,palace,chinese architecture,chinese style,”，如下图所示。

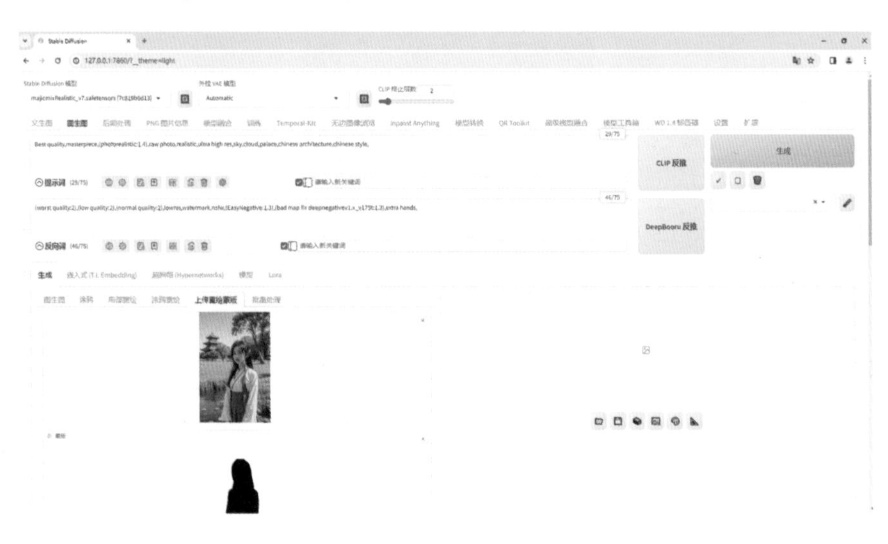

（3）下方的蒙版模式选择重绘蒙版内容，蒙版区域内容处理选择原版，重绘区域选择整张图片，迭代步数设置为 20，采样方法选择 DPM++ 2M Karras，尺寸与原图保持一致，这里是 1024 × 1536，重绘幅度调高一点，这里是 0.7，其他参数默认不变，如下图所示。

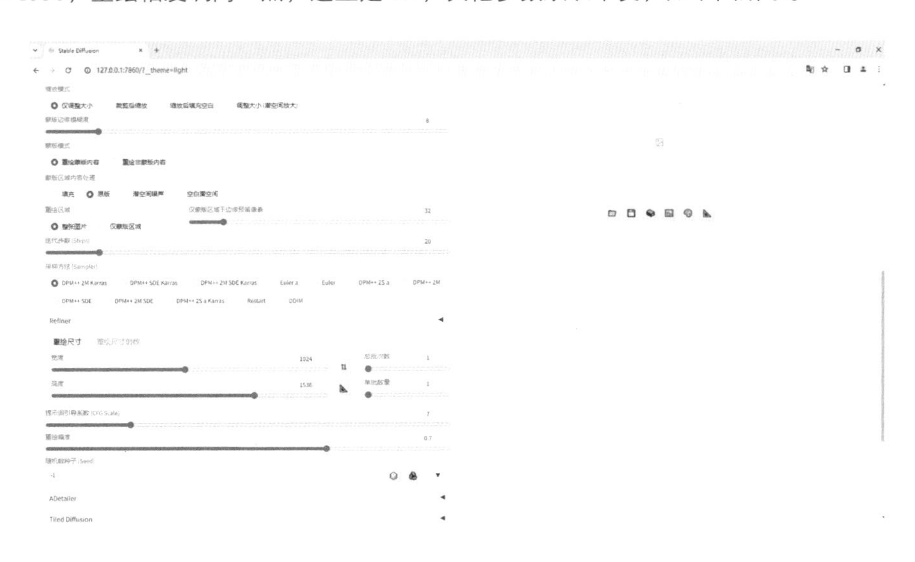

（4）点击“生成”按钮，人物照片的背景发生了变化，人物与背景融合得也非常自然，如下图所示。如果想更换照片的背景风格，只需更换大模型以及简单调整修改提示词即可，这里将大模型改为二次元风格模型，便又生成了一张图片，如下图所示。

为电商产品更换不同背景图

在传统的电商摄影流程中，如果要为一款产品拍摄宣传照片，需要搭建匹配产品特性的环境，这一过程费时费力，但现在利用 AI 技术则可以很好地解决这一问题，只需要拍摄白底商品图，然后利用 AI 生成背景，并将商品与生成的背景相融合即可，下面以化妆品为例讲解操作步骤。

（1）准备一张商品的白底图，进入 SD 文生图界面，将底模切换为写实类模型，这里选择的是 Chilloutmix-Ni-pruned-fp16-fix.safetensors，在提示词中填入对产品新场景的描述，这里填入的是“best quality,masterpiece,realistic,Product photography,bottled skincare,minimalism,ultra detailed,leaves,product flat on the natural grass,flowers,bright,clean minimal background,forest background”，添加 LoRA 模型“自然美妆场景 _v1.0”，设置权重为 0.7，如下图所示。

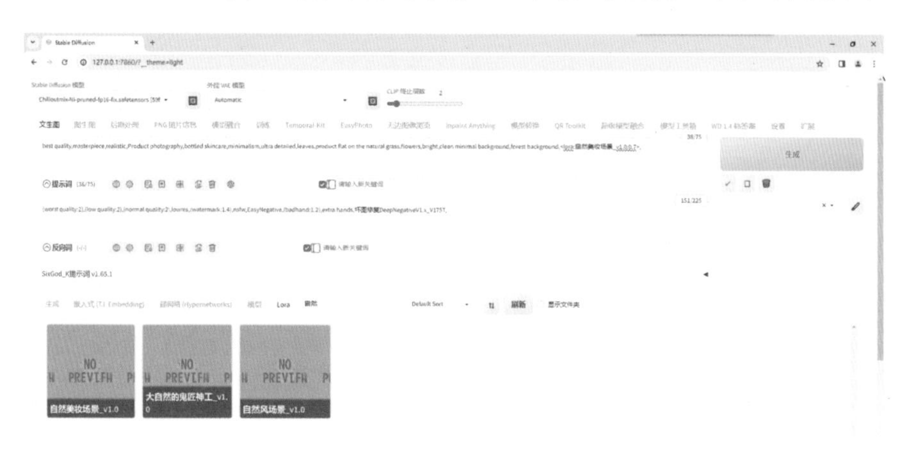

（2）迭代步数设置为 20，采样方法选择 DPM++ SDE Karras，尺寸设置为 512×768，提示词引导系数设置为 7，其他设置默认不变，如下图所示。

（3）点击打开 ControlNet 选项，进入 ControlNet 单元 0 单张图片界面，勾选“启用”“完美像素模式”“允许预览”，点击商品白底图，这里是为了控制商品的形状不变，控制类型选择 Canny（硬边缘），预处理器选择 canny，模型选择 control_v11p_sd15_canny，其他参数默认不变，点击按钮，生成预览图，如下图所示。

(4) 点击“生成”按钮，一张新的产品背景图片就生成了，如下图所示。但这里的产品与原产品图发生了变化，需要去 PS 中替换原产品图片。

(5) 进入 PS，打开商品白底图片和新的产品背景图片，用对象选择工具将产品白底图片中的产品创建选区，使用快捷键“ctrl + J”将选区创建新图层，如下图所示。

（6）将新建图层拖动到新的产品背景图片中，调整产品位置以及大小，与图片中的产品重合即可，如下图所示。

（7）将图片导出，进入 SD 图生图界面的局部重绘窗口，点击上传 PS 中导出的图片，使用画笔涂抹产品边缘，这一步是为了让产品与背景更自然地融合在一起，如下图所示。

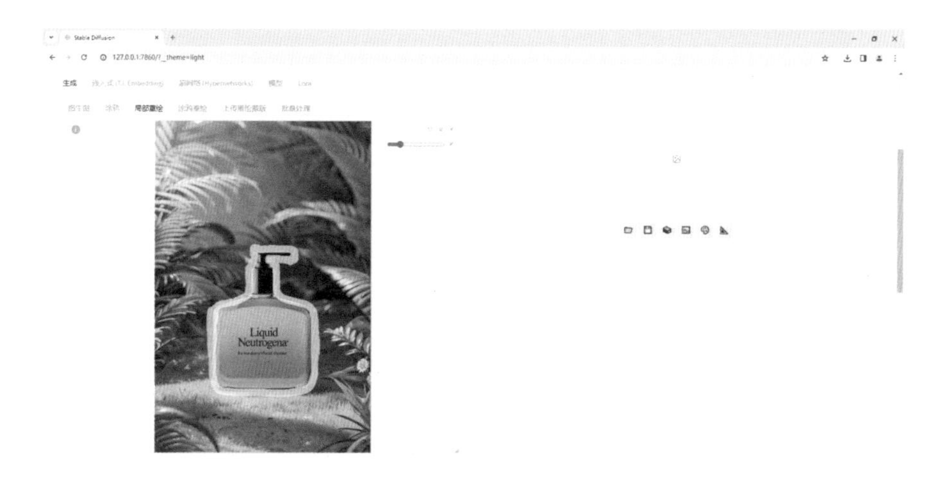

（8）迭代步数设置为 20，采样方法选择 DPM++ SDE Karras，重绘尺寸倍数设置为 2，提示词引导系数设置为 7，重绘幅度设置为 0.45，其他设置默认不变，如下图所示。

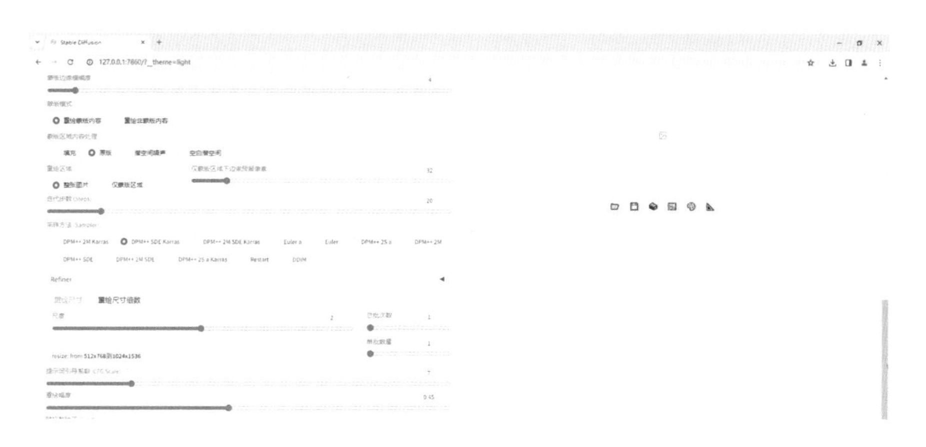

（9）点击“生成”按钮，观察生成图片中产品与背景的融合细节，效果不好就继续生成，直到满意为止，这里挑选了一张效果不错的图片，左边是原图，右边是重绘过的图片。

（10）步骤不变，通过更换提示词可以生成更多的产品背景图片，这里又生成了一张与产品同色系的产品背景图，如左图所示。如果想更换产品的背景风格，同样步骤不变，只需更换LoRA模型及提示词即可，这里生成了一张国潮背景的图片，如下图所示。

（11）下面是使用相同的方法得到的其他效果图像。

利用重绘修复素材照片瑕疵

在拍摄素材照片时，常常会出现由于参数调整不当、天气糟糕等原因，导致照片的局部出现模糊、过曝等问题。如果想修复这些缺陷，可以使用 Stable Diffusion 的重绘功能来优化照片，使照片整体看起来更加完美。下面展示如何通过重绘修复一张画面过暗、缺乏细节的照片。

（1）准备一张需要重绘的照片，进入SD图生图界面，在图生图选项点击上传准备好的图片，如下图所示。

（2）将底模切换为写实类模型，这里选择的是 majicmixRealistic_v7.safetensors，正面提示词不用填写，在反向提示词中填入通用提示词，这里填入的是“(worst quality:2),(low quality:2),(normal quality:2),lowres,watermark,nsfw,EasyNegative, 坏图修复 DeepNegativeV1.x_V175T,”，如下图所示。

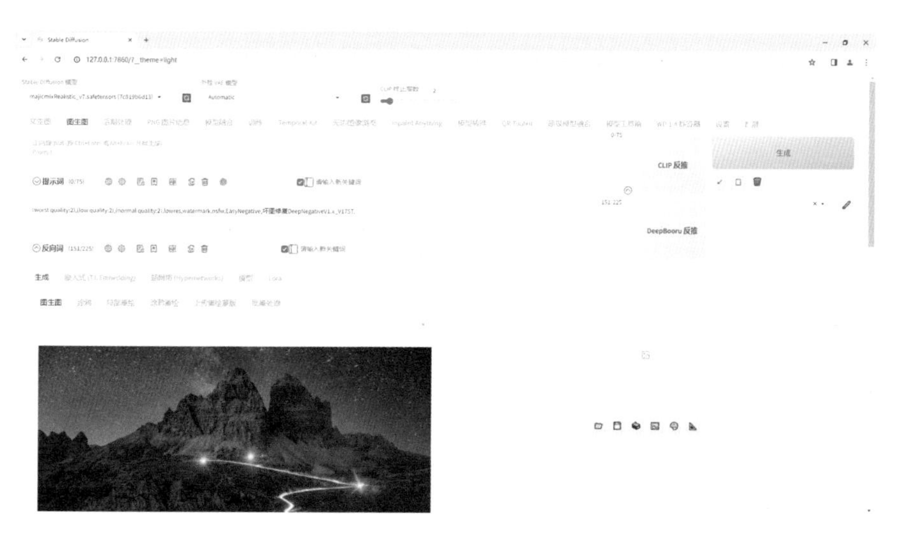

（3）缩放模式选择仅调整大小，迭代步数设置为 30，采样方法选择 DPM++ 2M Karras，由于原图尺寸过大，这里将重绘尺寸倍数设置为 0.3，尺寸由原来的 6136×4092 调整为 1840×1227，提示词引导系数设置为 7，重绘幅度设置为 0.45，如下图所示。

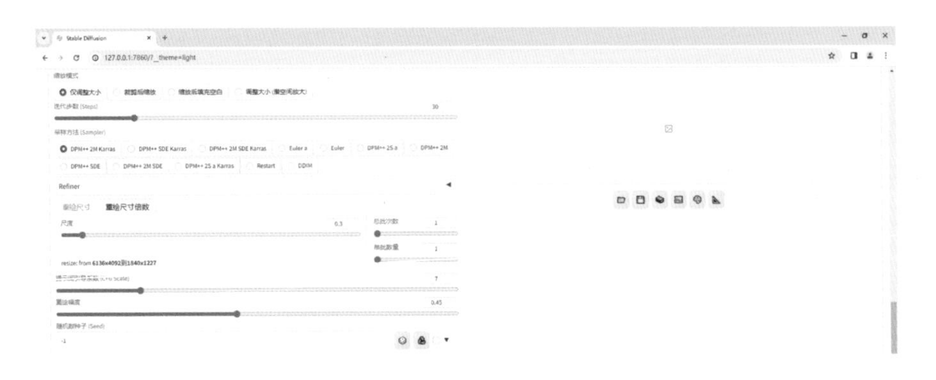

（4）点击“生成”按钮，照片经过重绘后生成了一张新的图片，重绘后的照片下面的部分变亮了，同时细节也更丰富了，路的两边出现了更多的树，如下图所示。

（5）虽然重绘后照片部分画面过暗的问题解决了，但是图片中的天空和山脉都发生了变化，不如原图效果更好，所以如果只想对图片中的部分内容进行重绘，就需要用到图生图的局部重绘功能。

（6）在图生图界面中的局部重绘窗口中点击上传需要重绘的原照片，使用画笔涂抹照片中需要重绘的部分，如下图所示。

（7）其他参数保持不变，点击“生成”按钮，只有涂抹部分重绘的新图片就生成了。可以看出，生成的图片中灯光变得更加自然了，图片中其余部分没有发生变化，如右图所示。如果想恢复到原图的尺寸，将图片发送到后期处理功能中高清放大即可。

（8）需要注意的是，在操作过程中需要多次重复操作，也就是创作者常说的“抽卡”，这样才有可能从中选择出最适合的效果，下图是笔者生成的备选效果图像。

通过重绘为人像添加配饰

在人像摄影中，配饰是非常重要的修饰性元素，但对于条件有限或经验不足的摄影师来说，也并不一定非要在前期花费大量成本准备配饰，可以通过 SD 图生图的涂鸦重绘功能在后期为人物增加配饰。下面以为人物增加珍珠项链为例，讲解具体操作步骤。

（1）准备一张人物图片，进入 SD 图生图界面的涂鸦重绘窗口，点击上传人物图片，如下图所示。

（2）这里需要给人物增加一条珍珠项链，选择画笔颜色为粉红色，使用画笔工具在人物的脖子上涂抹珍珠项链的形状，如下图所示。

（3）将底模切换为写实类模型，这里选择的是 majicmixRealistic_v7.safetensors，在提示词中填入配饰的描述以及画面质量提示词，这里填入的是“best quality,masterpiece,realistic,pink pearl necklace,”，如下图所示。

（4）迭代步数设置为25，采样方法选择DPM++ 2M Karras，尺寸原图保持一致，这里为1024×1536，提示词引导系数设置为7，重绘幅度设置为0.7，其他设置默认不变，如下图所示。

（5）点击“生成”按钮，生成图片中的人物就戴上了粉红色的珍珠项链，如下图所示。想增加什么配饰，在涂鸦重绘中涂抹相应的颜色形状、修改提示词即可，这里又生成了一张人物戴兔耳朵发卡的图片，如下图所示。

用 Stable Diffusion 扩展功能获得不同比例照片

在处理数码照片时，有时需要向内裁剪，以突出画面重点与主体，有时需要向外扩展，以改变画面的布局。通常在外扩图像时，要使用专业的 Photoshop 软件，并确保其 AI 填充功能可用，以补全扩展得到的空白画布。但由于种种原因，Photoshop 的 AI 填充功能通常无法正常使用，此时可以考虑使用 SD 的图生图功能来扩展图像，具体操作步骤如下。

（1）准备一张需要扩展的图片，进入 SD 图生图界面，在图生图选项点击上传准备好的图片，如下图所示。

（2）将底模切换为写实类模型，这里选择的是 majicmixRealistic_v7.safetensors，外挂 VAE 模型选择 vae-ft-mse-840000-ema-pruned.safetensors，点击“DeepBooru 反推”按钮，使用 SD 的提示词反推功能，从上传的图片中反推出正确的提示词，这里得到的提示词是“sunset,evening glow,cloud,orange_sky,sunset,twilight,gradient_sky,sky,sun,red_sky,scenery,ocean,tree,horizon,evening,cloudy_sky,sunrise,mountain,water,dusk,purple sky,star,lake,sunlight,shore,lens_flare,starry_sky,palm_tree,outdoors,city,masterpiece,best quality,”，如下图所示。

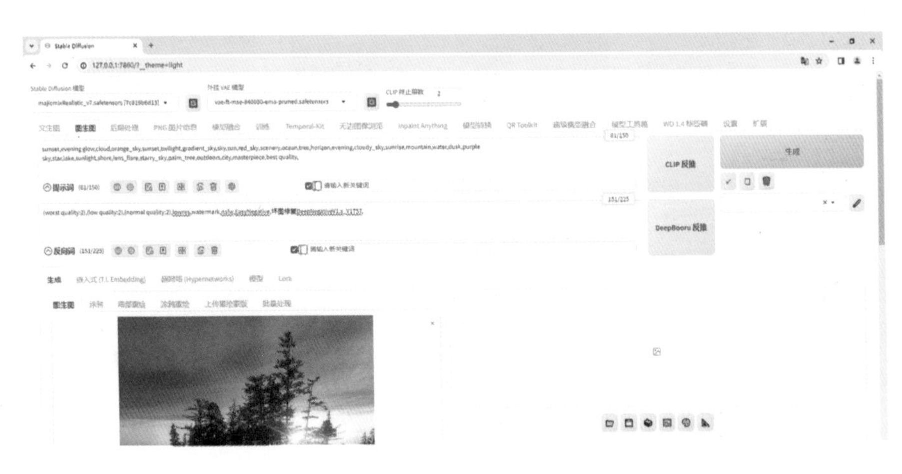

（3）因为要扩展图像，所以缩放模式选择缩放后填充空白，填充的空白部分也就是扩展出来的图像部分，迭代步数设置为20，采样方法选择DPM++ 2M Karras。设置图像尺寸时，如果是上下扩展图像，图像宽度与原图保持一致；如果是左右扩展图像，图像高度与原图保持一致，这里要左右扩展图像，原图尺寸为800×1000，所以尺寸设置为1500×1000，提示词引导系数设置为8.5，设置重绘幅度时要反复尝试，相同的数值、不同的图片出来的效果可能会有很大的差异，所以这里设置的原则是确保扩展生成的新图像合理，其他设置默认不变，如下图所示。

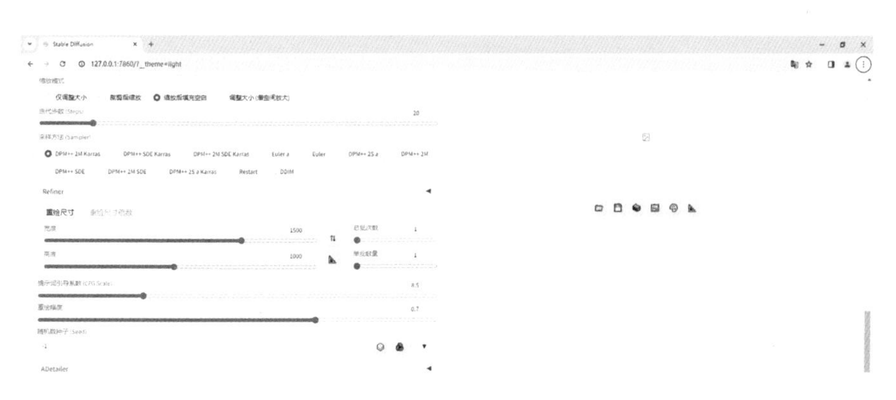

（4）开启ControlNet，保证原图内容不被重绘，进入ControlNet单元0单张图片界面，勾选“启用”“完美像素模式”“允许预览”“上传独立的控制图像”，点击上传扩展图像的图片，如下图所示。

（5）ControlNet控制类型选择Canny（硬边缘），预处理器选择canny，模型选择control_v11p_sd15_canny，缩放模式选择缩放后填充空白，其他参数默认不变，点击¤按钮，生成预览图，如下图所示。

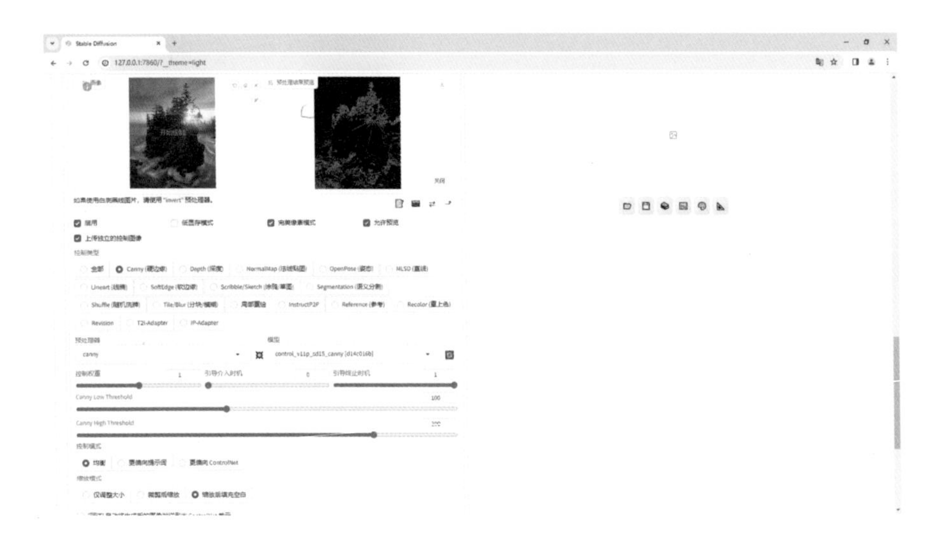

（6）点击“生成”按钮，扩展后的图片就生成了，如下图所示。如果对扩展内容不满意，可以通过调整提示词、重绘幅度等参数多次生成，直到满意为止。

利用换脸获得绝美古风照片

在本书前面的章节中，笔者讲解了使用 Midjourney 与 Easy photo 制作高质量 AI 写真照片的方法，在这种方法中，由于涉及脸部模型训练，因此花费时间较长。下面讲解无须训练模型使用 SD 插件，完成上述操作的方法。

这种方法分为两部分，第一部分是在 MJ 中生成需要的素材，第二部分是在 SD 中进行换脸，如果有一定 Photoshop 操作基础，还可以在最后将图像导入 Photoshop 中，对细节进行再次加工处理。

使用 Midjourney 生成素材

（1）由于在本例中，笔者要创作的是一幅古风效果照片，因此在 MJ 中输入了以下提示词 photo ,handsome beauty, delicate face, fair and smooth skin, sharp eyes, wearing white and light yellow Gorgeous Hanfu, flying hair, flowing sleeves, chinese traditional painting style, the style of the ancient tang dynasties, refers to song huizong, wind dancing posture,full body，wind, flower background --v 6.0 --ar 2:3，得到了如左下图所示的图像。

（2）为了获得一幅古风效果插画，笔者输入了以下提示词，ink painting,line art ,handsome beauty, delicate face, fair and smooth skin, sharp eyes, wearing white and light yellow hanfu, flying hair, flowing sleeves, chinese traditional painting style, the style of the ancient sui and tang dynasties, refers to song huizong, wind dancing posture --v 6.0 --ar 2:3，得到了如右下图所示的图像。

在 Stable Diffusion 中换脸

在 MJ 中获得素材后，需要在 SD 中通过 roop 插件实现 AI 换脸效果，具体操作如下。

（1）由于 roop 插件是移植过来的，目前并不十分完善，所以安装前需要相应的运行环境。下载 Visual Studio 安装包，双击安装包开始安装程序，Visual Studio 程序安装完成后会自动弹出 Visual Studio 社区窗口，选择安装 Python 开发和使用 C++ 的桌面开发，点击左下角的“更改”按钮选择安装位置，最后点击右下角“安装”按钮开始安装，因为这里已经安装过了，所以没有显示“更改”和“安装”按钮，如下图所示。

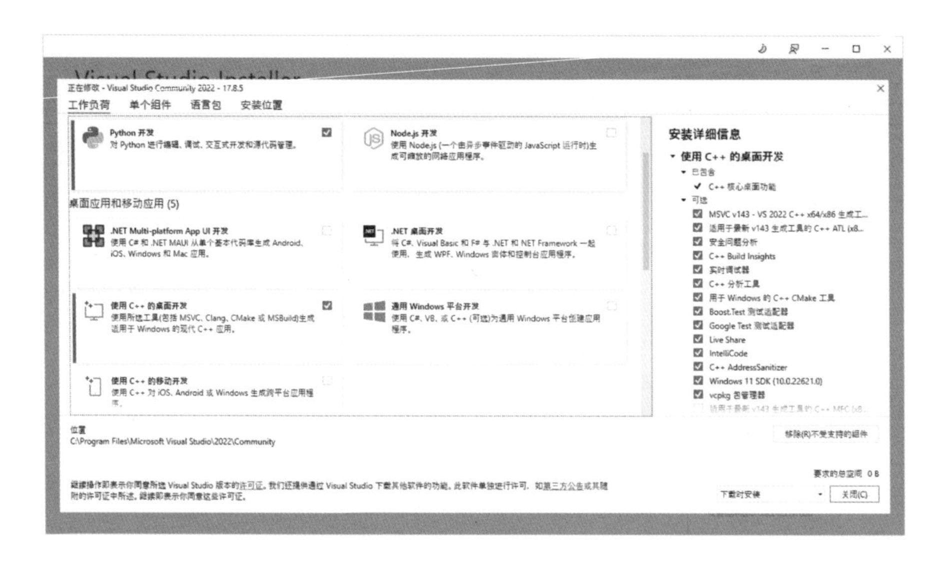

Visual Studio 下载可按前言或封底提示信息操作。

（2）等待安装完毕后，关闭页面，进入 SD 根目录下的 python 文件夹中，在 python 文件夹的路径位置框中输入 cmd 回车，调用 python 目录中的命令行，如下图所示。

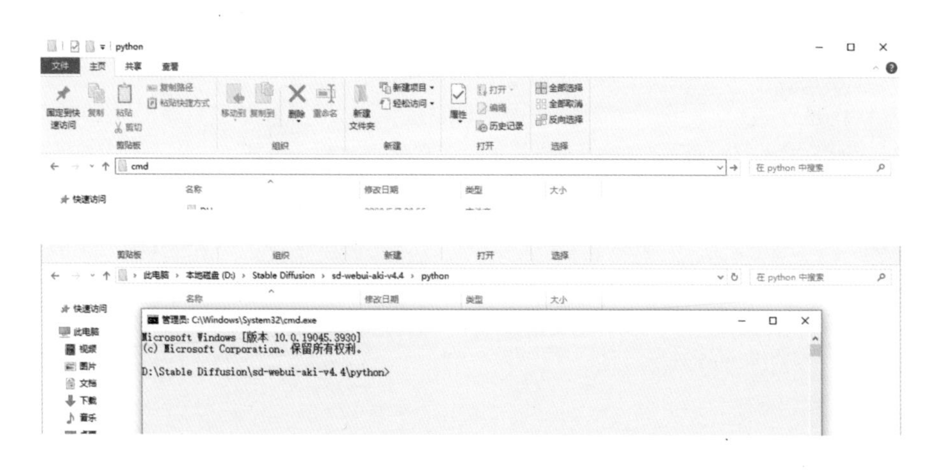

（3）在命令行中输入 python -m pip install insightface==0.73 命令后回车，系统开始下载并安装人脸识别源码 insightface，如下图所示。如果下载出现错误，可能是因为 pip 版本过低，通过输入 python.exe -m pip install --upgrade pip 升级 Python 包管理工具 pip 到最新版本，再安装 insightface。

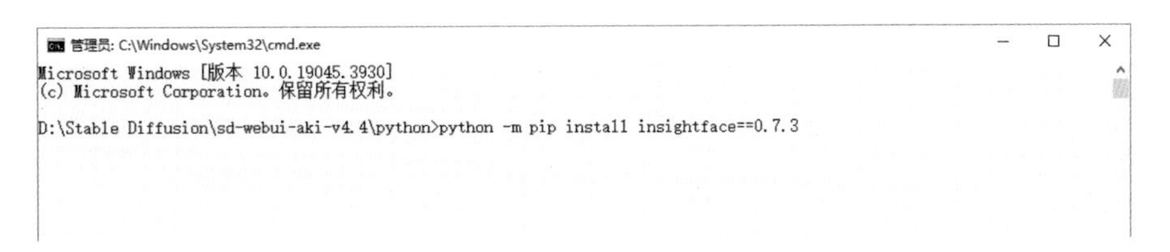

（4）配置系统环境变量，在桌面用鼠标右击此电脑，点击属性进入设置界面，在左侧选项栏选择“关于”选项，在选项界面点击“高级系统设置”按钮，在弹出的系统属性窗口的“高级”选项卡中点击“环境变量”按钮，如下图所示。

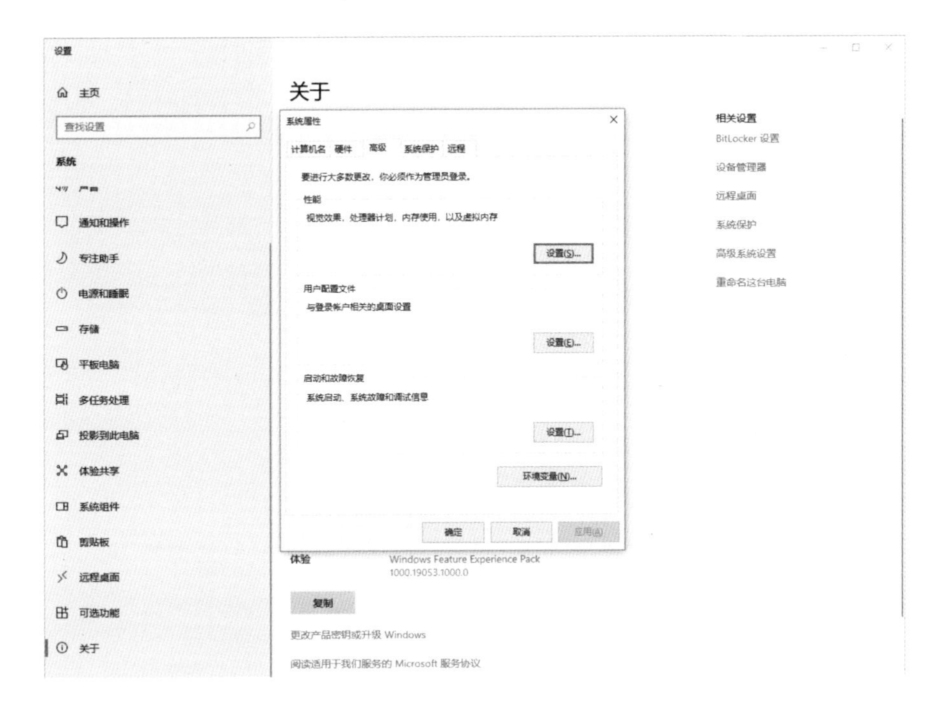

（5）在环境变量窗口中，选择系统变量框中的 Path 变量，点击“编辑”按钮，在弹出的编辑环境变量窗口中点击“新建”按钮，将 SD 目录中 Scripts 文件夹的路径复制进去，这里的路径是 D:\Stable Diffusion\sd-webui-aki-v4.4\python\Scripts，根据个人安装路径修改即可，如下图所示。

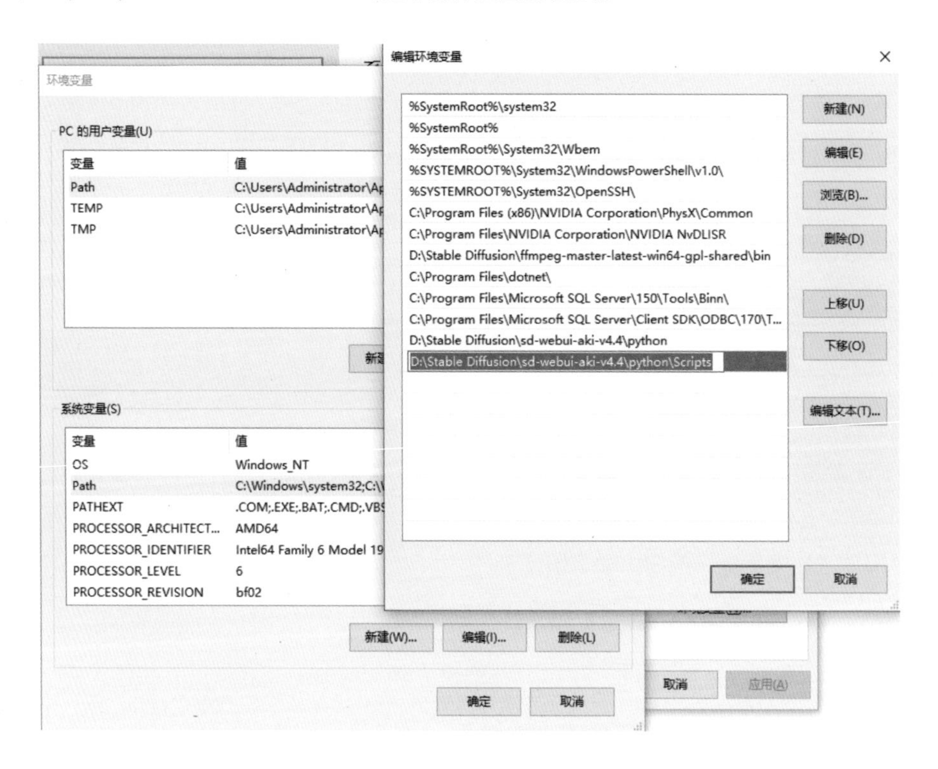

（6）进入 SD 扩展界面，进入从网址安装选项，在扩展的 git 仓库网址文本框填入 https://github.com/s0md3v/sd-webui-roop，点击“安装”按钮，即可安装 roop 插件，如下图所示。读者也可按前言或封底提示信息操作下载后手动安装插件。

（7）下载网盘中的 roop 模型，将 .ifnude 和 .insightface 文件夹放置在 C 盘的 Administrator 文件夹，这里的路径是 C:\Users\Administrator，将 inswapper_128.onnx 文件放置在 SD 根目录下的 roop 文件夹，这里的路径是 D:\Stable Diffusion\sd-webui-aki-v4.4\models\roop，如下图所示。

（8）重启 SD，进入 SD 图生图界面，将界面滑至最下方，就可以看到已经安装好的 roop 插件了。如下图所示。

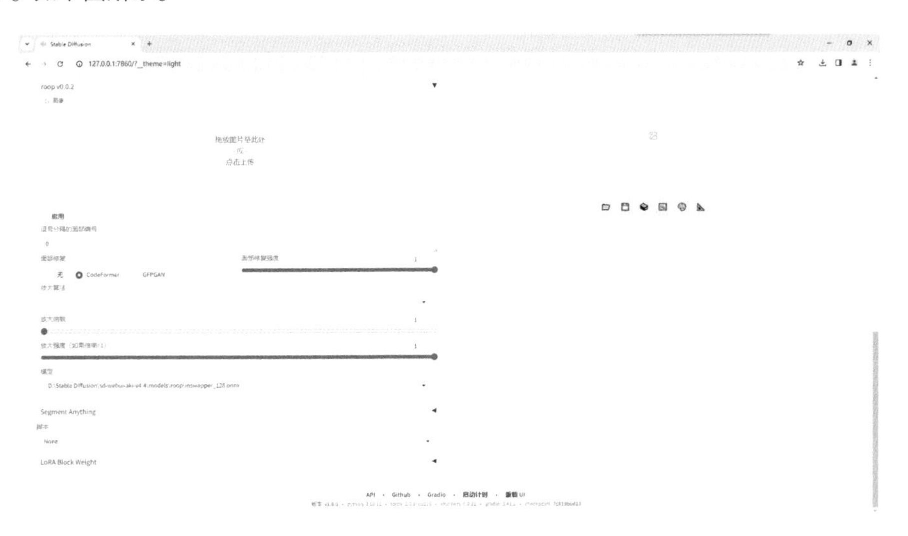

（9）由于使用 MJ 生成的素材图片细节不够丰富，因此这里先把素材图片增加细节后再进行换脸。在图生图选项点击上传 MJ 生成的图片，如下图所示。

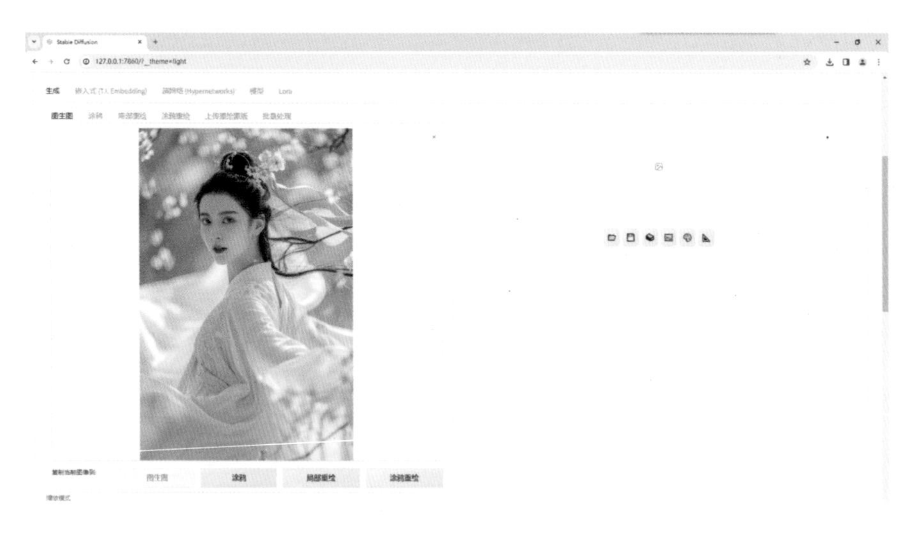

（10）将底模切换为写实类模型，这里选择的是 majicmixRealistic_v7.safetensors，点击“DeepBooru 反推”按钮，使用 SD 的提示词反推功能，从上传的图片中反推出正确的提示词，再补充一些画面质量的提示词，这里填入的是“best quality,masterpiece,realistic,1girl,solo,flower,hair ornament,branch,black hair,blurry,upper body,jewelry,hair bun,looking at viewer,red lips,single hair bun,blurry background,hanfu,long sleeves,from side,parted lips,teeth,depth of field,”，如下图所示。

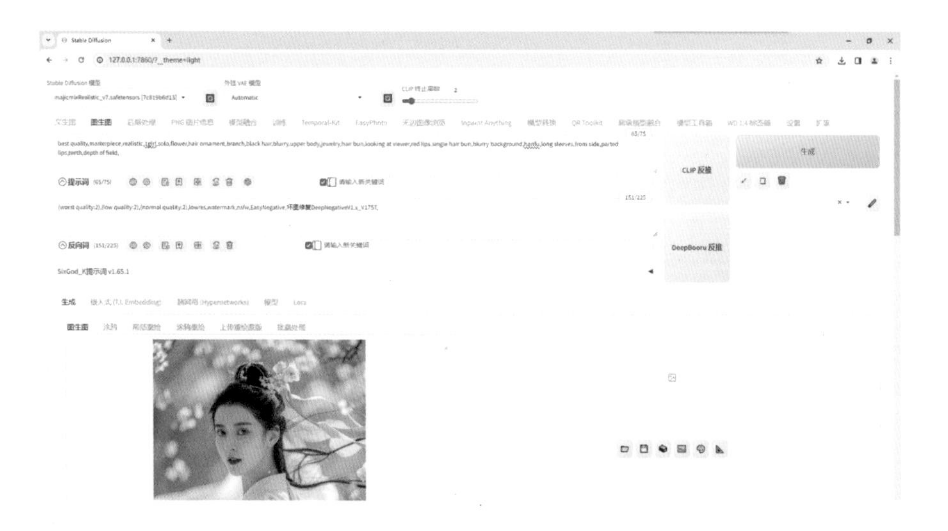

（11）点击打开 ControlNet 选项，进入 ControlNet 单元 0 单张图片界面，勾选“启用”“完美像素模式”，控制类型选择 Tile/Blur（分块 / 模糊），预处理器选择 tile_resample，模型选择 control_v11f1e_sd15_tile，其他参数默认不变，如下图所示。

（12）缩放模式选择“仅调整大小”，迭代步数设置为30，采样方法选择DPM++ 2M Karras，重绘尺寸倍数选项中的尺度设置为1.5，这里根据电脑配置适当调整图片尺寸，提示词引导系数设置为7，重绘幅度这里不要调太高，否则图片容易发生变化，设置为0.4即可，其他设置默认不变，如下图所示。

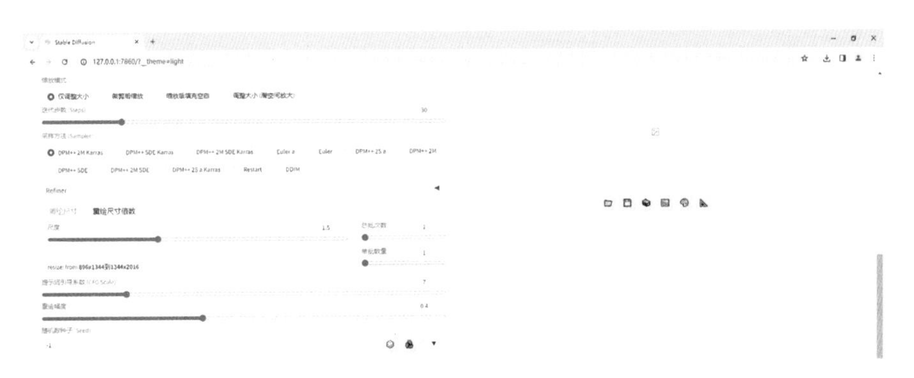

（13）点击“生成按钮”，图片增加细节就完成了，如下图所示。这里可以看到图片中的部分细节还是发生了改变，此时不用处理，等到换脸完成后再导入PS中处理即可。

（14）增加完细节后，为了丰富人物的造型，这里还想给人物增加珍珠耳环，运用上文中讲述的人物增加配饰操作，为人物增加了珍珠耳环，如下图所示。

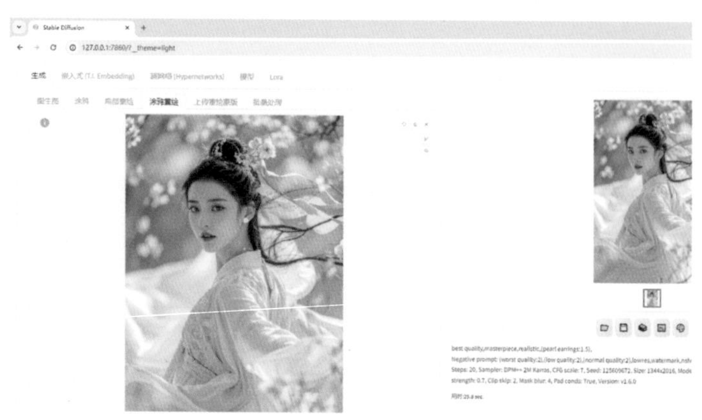

（15）点击图生图选项，将生成的图片拖入上传图片窗口。点击 roop 插件选项，点击上传一张换脸参考图片，如左下图所示，勾选“启用”，逗号分隔的面部编号设置为 0，如果生成图片有多个人脸时用于确定人脸，面部修复选择 CodeFormer，面部修复强度设置为 1，数值越小，换脸程度越低，这里的放大设置与高清放大作用一样，这里暂不设置，模型选择 roop 路径下的模型，如右下图所示。

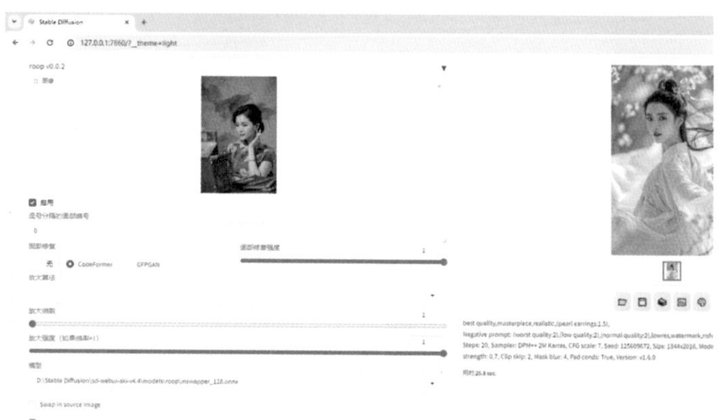

（16）底模保持写实类模型不变，这里还是 majicmixRealistic_v7.safetensors，正面提示词不用填写，反向提示词填写控制画面质量的提示词即可，这里填入的是 (worst quality:2),(low quality:2),(normal quality:2),lowres,watermark,nsfw,EasyNegative, 坏图修复 DeepNegativeV1.x_V175T,，如下图所示。

（17）缩放模式选择仅调整大小，迭代步数设置为 20，采样方法选择 DPM++ 2M Karras，重绘尺寸与上传图片保持一致，这里是 1344×2016，提示词引导系数设置为 7，重绘幅度设置为 0.01，这里是为了保证除了脸之外其他内容保持不变，其他设置默认不变，如下图所示。

（18）点击“生成”按钮，这里就将换脸参考图的人物面部换到了原图中，生成了一张新的图片，如左图所示，但是生成的图中还有一些遗留的瑕疵需要到 Photoshop 中处理，如右下图所示。

（19）将图像导入 Photoshop 后使用简单的修复工具进行处理，即可完成换脸操作，原图如下左图所示，最终的换脸效果如下右图所示。

下面展示的是水墨古风效果图及换脸后的图像。